10분 후딱
김밥 레시피 100

한 그루의 나무가 모여 푸른 숲을 이루듯이
청림의 책들은 삶을 풍요롭게 합니다.

집밥이 풍성해지는
초절약·초간편 김밥 만들기!

| 후딱 레시피 지음 |

10분 후딱

김밥 레시피 100

청림Life

들어가는 말

김밥은 참 신기한 음식입니다. 간단해 보이지만 막상 싸려면 생각보다 어렵고, 손에 익으면 세상에서 가장 쉬운 음식이 되죠.

저는 오랫동안 김밥을 만들어왔습니다. 김밥을 워낙 좋아해서 먹기만 했던 시절도 있었고, 직접 만들어 팔면서 김밥을 더 깊이 이해하게 된 시절도 있었죠. 그러면서 깨달았습니다. 사람들은 김밥을 좋아하지만, 만드는 건 어렵다고 느낀다는 사실을요.

김밥을 만들다 보면 여러 가지 고민이 생깁니다.

"김밥이 왜 터질까요?"
"예쁘게 싸는 방법이 있을까요?"
"재료는 꼭 많아야 하나요?"

이런 질문들을 들을 때마다 제가 오랜 시간 쌓아온 노하우를 하나씩 알려 드리곤 했습니다. 그러면 사람들은 신기해하며, 김밥을 싸는 일이 생각보다 어렵지 않다는 걸 깨닫게 되죠.

그래서 이 책을 만들었습니다. 김밥을 쉽고 빠르게, 하지만 맛있게 만드는 방법을 알려 드리기 위해서요. 기본 김밥부터 특별한 김밥까지 다양한 레시피를 소개함과 동시에, 터지지 않게 싸는 법, 시간을 절약하는 방법 등 한 끗이 다른 비법을 가득 담았어요. 그동안 김밥을 만드는 과정이 번거롭다고 느껴졌다면, 이 책이 그 벽을 허물어줄 겁니다.

김밥은 1줄 안에 많은 가치를 담고 있습니다.
손쉽게 만들 수 있는 한 끼, 소풍날의 설렘, 누군가를 위한 정성 어린 식사.
그리고 무엇보다, 직접 만들어 먹는 재미까지.

그럼 이제, 맛있는 김밥을 싸러 가볼까요?

목차

Chapter 2. 후딱레시피의 스페셜 김밥 레시피

Chapter 3. 불 없이 만드는 김밥 레시피

Chapter 4. 찬밥으로 만드는 김밥 레시피

Chapter 5. 건강한 다이어트 김밥 레시피

Chapter 6. 한입에 쏙! 꼬마김밥 레시피

PART 3
김밥과 함께 하면 좋은
큐브 밀프랩

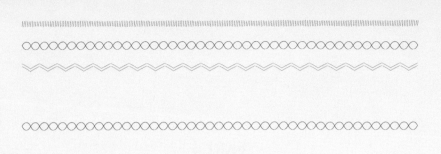

PART 01

본격적으로 김밥을 만들기 전
알아두어야 할 것

사용한 도구와 재료,
계량법 소개

도구

❖ 프라이팬, 궁중팬, 냄비, 볼
집에 있는 걸로 사용하시면 됩니다.
이 책에서는 접근성을 위해 다이소의
계란말이용 팬(13×18cm)을 주로 사용
하였습니다.

❖ 냉동 소분용기
찌개, 국, 볶음밥 등 큐브 밀프랩을 만
들 때 사용합니다. 가장 많이 사용하
는 것은 '다이소 4구 알알이쏙 냉동 소
분용기'이지만 음식에 따라 아이스 트
레이를 사용하기도 합니다.

● 다이소 4구 알알이쏙 냉동 소분용기

  (1큐브당 100ml)

● 다이소 아이스 트레이 10구

• 집에 있는 얼음틀

❖ 전자레인지

전자레인지 사양에 따라 익는 시간이 달라질 수 있습니다. 집에 있는 전자레인지의 출력을 꼭 확인하시기 바랍니다. 이 책에서는 700W의 전자레인지를 사용하였습니다.

❖ 다지기

집에 있는 다지기로 사용하시면 됩니다. 만약 다지기가 없다면 칼로 다져도 괜찮습니다.

❖ 전자레인지 사용 가능 용기

집에 있는 용기 중 전자레인지 사용이 가능한 것으로 사용하시면 됩니다.

❖ 분쇄기

믹서기는 물이 있어야 내용물이 갈리지만, 분쇄기는 물이 없어도 단단하고 건조한 식재료를 미세하게 분쇄할 수 있습니다. 사용처가 다르므로 꼭 알고 사용하는 것이 좋습니다.

계량

❖ 컵

종이컵(200ml) 기준입니다.

❖ 스푼

성인용 밥숟갈을 사용했습니다. '깎아서', '수북이' 이런 제시가 없으면 1큰술 기준입니다.

❖ 티스푼
찻숟갈을 사용했습니다. '깎아서', '수북이' 이런 제시가 없으면 1큰술 기준입니다.

❖ 밥
김밥의 속 재료의 양이나 김밥 모양에 따라 사용되는 밥의 양이 달라집니다. 대략 130g~230g 정도의 밥이 사용될 경우는 1~2인분 김밥이고, 그것보다 양이 많을 경우는 3~4인분 정도의 김밥입니다.

간

❖ 김밥
- 속 재료 : 간을 봤을 때 조금 싱거운 듯해야 맞는 간입니다.

- 밥 : 간을 봤을 때 밥만 먹어도 간간하

여 맛있다 싶을 때가 맞는 간입니다.

❖ 큐브 밀프랩
- 국과 찌개 큐브 밀프랩의 경우 국물이 충분히 우러났을 때 간을 보신 후 싱거우면 소금을 더 넣고, 짜면 물을 더 추가해 주세요.

불 조절

팬에 눌러 붙을 수 있는 요리는 약불로, 빠르게 수분을 날리거나 볶아야 할 때는 강불로, 설명에 아무 언급이 없을 때는 중불로 진행하시면 됩니다.

많이 쓰는 식재료

모든 식재료는 수분을 제거한 후 사용해 주세요.

❖ 어묵
뜨거운 물을 부어 첨가물과 지방을 제거한 후 사용합니다.

❖ **스팸**

스팸은 조각낸 후 뜨거운 물에 5분 이상 끓여 첨가물, 염도, 지방을 제거한 후 사용합니다.

❖ **참치**

체에 밭쳐 기름기를 제거한 후 사용합니다.

❖ **계란**

계란 껍질에 살모넬라균 등 이물질이 있을 수 있으므로 계란을 만진 후 손을 깨끗이 씻고, 조리 후 썰 땐 모양이 뭉개지지 않도록 한 김 식힌 후 썰어주세요.

❖ **맛살**

구워서 사용하면 더욱 맛있습니다. 너무 오래 구우면 결이 풀어지니 적당히 구워주세요.

❖ **김밥햄**

구워서 사용하면 더욱 맛있습니다.

❖ **단무지**

수분기를 제거하고 사용해 주세요.

❖ 채소

• 뿌리채소 : 당근, 무, 우엉 등은 깨끗이 씻은 후 필러를 이용해 껍질을 정리한 뒤 사용합니다.

• 열매채소 : 오이, 고추, 파프리카 등은 깨끗이 씻은 후 씨를 제거하여 사용합니다. 고추씨는 풍미가 좋아 제거하지 않고 사용하지만 불편하신 분들은 제거하셔도 좋습니다.

• 줄기채소 : 파는 깨끗이 씻은 다음 다듬어 사용합니다. 감자는 필러로 껍질을 벗긴 후 사용합니다.

• 잎채소 : 시금치, 상추, 깻잎, 양배추와 같은 잎채소는 다듬어서 깨끗이 씻은 후 사용합니다.

많이 쓰는 양념

❖ 소금
소금은 구운 소금이나 꽃소금 등 향이 없는 소금을 사용합니다.

❖ 맛소금

밥을 비빌 때 감칠맛과 염도 조절을 위해 사용하지만 불편하신 분들은 구운 소금이나 꽃소금을 사용하셔도 무방합니다.

❖ 액상 알룰로스

액상 알룰로스는 칼로리가 낮은 설탕 대체 감미료입니다. 액상 알룰로스가 없다면 설탕을 사용해도 괜찮습니다. 설탕을 사용할 경우, 액상 알룰로스 양의 70%만 넣어주어도 단맛의 비율이 맞습니다.

❖ 간장

양조간장을 사용하지만 진간장도 괜찮습니다.

❖ 식용유

포도씨유, 콩기름, 옥수수유, 카놀라유 모두 괜찮습니다. 단, 향이 강한 올리브유는 일부 김밥에 어울리지 않을 수 있습니다.

❖ 굴소스

굴소스는 위생과 맛을 더욱 끌어올리기 위해 익혀 드시길 권장합니다.

김밥 예쁘게
싸는 방법

1 김의 겉면과 안쪽을 구분합니다. 만져봤을 때 반질반질한 부분이 겉면, 거친 부분이 안쪽입니다. 거친 부분이 위로 가게 놓아주세요.

2 김의 모양은 직사각형입니다. 옆의 사진과 같이 세로로 길게 놓아주세요. 보통 김밥 재료들이 김의 가로 규격에 맞춰 나오기 때문에 이렇게 놓고 말아야 말기 안정적이고 보기에도 깔끔해 예쁩니다.

3 밥의 온도는 뜨겁지도 차갑지도 않은 미지근한 상태가 좋습니다. 밥이 뜨거우면 김이 쪼그라들고, 차가우면 밥을 펼 때 김이 찢어지기 쉽습니다.

4 김에 밥을 올리고 가로면 양쪽 끝까지 밥을 고르게 펴줍니다. 양쪽

끝에 밥이 없으면 김밥 끝 부분이 무너지고 속 재료가 빠져나옵니다.

5 밥을 펴는 면적은 속 재료를 감쌀 수 있을 정도면 됩니다. 속 재료의 둘레를 가늠하여 펴주세요. 속 재료가 김에 닿지 않아야 합니다. 속 재료가 김에 닿으면 김이 물러 터지는 원인이 됩니다.

6 밥을 펴줄 땐 꾹꾹 눌러가며 펴주세요. 밥이 김에 밀착되어 김밥이 단단하고 탄력 있게 말립니다.

7 속 재료를 올리기 전에 김 ½장을 깔아주면 속 재료의 수분을 잡아주고 썬 단면이 선명해 더욱 예쁩니다.

8 재료를 올릴 땐 수분을 전부 제거한 상태에서 올려주세요. 속 재료의 수분은 김을 녹여 김밥의 질을 떨어트리고 터지게 해요.

9 재료를 올리는 순서는 단무지, 채 썬 당근을 차례로 올린 후 김밥햄, 맛살, 우엉 등을 마저 올려줍니다. 김밥에서 가장 중심이 되는 재료를 가운데로 배치하여, 말았을 때 김밥 중앙에 오도

록 해주세요.

10   김밥을 말 때는 속 재료를 안으로 밀
어 넣으며 단단하게 말아줍니다.

11   김밥 끝 이음새 부분은 바닥을 향하도
록 놓아, 김밥 속 재료의 수분으로 김밥이 붙게 합니다.

12   김밥 위에 참기름을 바르고 참깨를 뿌리면 김밥을 더욱 맛있게 완
성할 수 있습니다.

전직 김밥집 사장님의
김밥 Q & A

Q 김밥 끝은 뭘로 붙여야 잘 붙나요?

A 보통 물이나 밥풀로 붙여야 한다고 많이들 알고 계시지만, 김밥 끝에
는 아무것도 붙이지 않습니다. 김밥 끝을 밑으로 두고 가만히 10초
정도 놓아두면, 김밥 속 수분이 내려와 저절로 붙어요. 물을 바르면
그 순간에는 빨리 붙지만 시간이 지날수록 눅눅해집니다. 영업장의
경우 회전율을 위해 물을 바르는 경우가 있으나 집에서는 추천하지
않습니다. 밥풀은 김밥 표면을 울퉁불퉁하게 하고 접착력이 약해서
효율이 떨어집니다.

Q 김밥이 안 터지게 미리 예방할 수 있는 방법이 있을까요?

A 김을 자세히 보면 미세한 구멍들이 있습니다. 그중 큰 구멍들이 김밥
을 터지게 해요. 김밥을 싸기 전엔 항상 김에 구멍이 있는지를 확인하
고 큰 구멍이 있다면 다음의 방법으로 미리 예방하기 바랍니다.

　　│　김에 큰 구멍이 있는지를 확인합니다.

2 구멍을 가릴만한 크기로 김을 찢
어서 구멍을 메꿔주세요.

3 위에 바로 밥을 올리고 고르게 펴
주면 됩니다. 이렇게 구멍만 메꿔
줘야 김의 식감을 해치지 않으면
서 터지지 않는 김밥을 만들 수 있
습니다.

Q 김밥이 터졌어요. 어떻게 복구해야 할까요?

A 김을 길게 잘라서 물을 바르고 구멍에
한 바퀴 빙 둘러주면 됩니다. 보통은 터
진 크기만큼만 김을 잘라서 붙이는 분
들이 많으나, 그렇게 하면 썰면서 붙여
둔 김이 밀리거나 벗겨집니다. 한 바퀴
를 감싸줘야 썰면서 김밥이 다시 터지
지 않습니다.

Q 김밥을 맛있게 싸는 비법이 있나요?

A 보통은 속 재료에 정성을 쏟지만, 김밥에서 제일 중요한 것은 밥이
에요. 밥의 간에 따라 김밥 맛이 좌우됩니다. 밥에 간을 할 땐 소금
1꼬집으로 끝내지 말고, 밥만 먹어도 맛있을 정도로 간간하게 간을
해주세요. 흔히 오해하시는 부분이 속 재료가 짜면 맨밥으로 김밥
을 많이들 쌉니다. 이렇게 하면 속 재료의 짠맛만 부각되고 다른 재
료의 맛은 다 죽어버립니다. 전혀 김밥 맛이 나지 않죠. 김밥 맛은

밥의 간간한 감칠맛이 속 재료와 조화롭게 섞이면서 만들어집니다. 따라서 간을 할 땐 속 재료는 다소 슴슴하게, 밥은 밥만 먹어도 맛있을 정도로 간간하게 해주는 것이 맛의 밸런스가 제일 좋습니다. 김밥에서 필요한 감칠맛 중 단무지도 김밥 맛에 큰 영향을 줍니다. 단무지는 본인의 입맛에 가장 맛있는 걸로 골라 사용하세요.

Q **김밥을 단단하고 예쁘게 말려면 어떻게 해야 할까요?**

A 김밥을 잘 말기 위해선 손 기술이 중요할 것 같지만, 사실 여기에도 밥이 중요합니다. 밥을 비빌 땐 밥알이 으깨지지 않도록 살살 비벼주고, 밥을 김 위에 펼 땐 꾹꾹 눌러서 밥알이 김에 밀착되도록 해주세요. 밀착된 밥이 김을 잘 찢어지지 않게 해서 누구나 김밥을 단단하고 탄력 있게 말 수 있도록 해줍니다.

Q **김을 사선으로 덧대면 김밥이 튼튼하고 짱짱하게 말린다던데요?**

A 김밥용 김은 밀도가 촘촘하고 내구성이 강하게 제작됩니다. 그래서 애초에 뭘 하지 않아도 김밥이 튼튼하고 짱짱하게 잘 말려요. 보통 김이 약하다고  생각해서 자꾸 뭘 해야 한다고 생각하지만, 김은 아무것도 하지 않았을 때 가장 튼튼하고 질이 좋습니다. 사진처럼 멀쩡한 김에 또 김을 덧대면 식감이 질겨지고 맛이 떨어져요. 김밥을 튼튼하게 말고 싶다면, 다른 거 필요 없이 밥을 잘 밀착해 주세요. 그것이 김밥을 튼튼하게 만드는 가장 확실한 방법입니다.

Q 김밥 끝에 단무지를 올려놓으면 김밥이 잘 붙는다던데요?

A 단무지를 올려놓으면 수분기 때문에 김이 눅눅해지고 오그라듭니다. 김은 수분에 노출되는 순간 질이 떨어져요. 김의 끝을 밑으로 두어 김밥 속 수분으로 붙이는 것만으로도 충분합니다. 이 이상의 수분은 김을 녹여 김밥이 터지는 원인이 됩니다.

Q 김밥은 빵칼로 썰면 깔끔하게 잘 썰린다던데요?

A 빵칼로 썰면 도마가 상하고 밑 부분도 잘 안 잘립니다. 일반 식도로 자르는 것을 추천 드립니다.

Q 칼에 기름을 바르면 예쁘고 깔끔하게 썰린다던데요?

A 김밥은 뭘 안 해도 예쁘게 잘 썰립니다. 만약 잘 안 썰린다면 이유는 밥 때문이에요. 대개 밥이 질거나, 밥에 참기름이 부족한 경우, 혹은 김밥을 탄력 있게 말지 않은 경우입니다. 질지 않은 밥에 참기름을 적당량 넣어 고르게 비빈 다음, 사용하세요.

Q 김밥용 밥은 어떻게 지어야 하나요?

A 밥은 쌀의 상태, 사용하는 취사도구 등 각자 환경에 따라 물조절이 달라 정확한 기준을 제시하기는 어렵습니다. 그래도 보편적으로 김밥용 밥은 너무 질지도, 너무 되지도 않은 상태가 좋습니다. 너무 질면 밥을 비비기 어려운 데다가 김 위에서 잘 펴지지 않고, 너무 되면 밥알이 굴러다녀 김에 잘 밀착되지 않아요. 가끔 밥에서 어떤 비법을 기대하시는 분들도 계시나, 요즘은 쌀의 질이 좋아서 특별히 어떤 처리를 안 해도 맛있습니다. 단, 묵은쌀로 밥을 짓는 경우 식초

물에 5분 정도 담군 후 따라 버리고 깨끗이 씻어서 식용유 ½스푼을 넣어 밥을 지으세요. 식초는 잡내를 잡아주고 식용유는 밥에 윤기가 돌게끔 도와줍니다. 또한 밥을 전부 김밥용 밥으로 소비하실 거라면 밥을 지을 때 소금을 넣고 지을 수도 있습니다. 간은 넘치는 것보다 부족한 편이 후에 조치하기 쉽습니다. 부족한 간은 밥이 완성된 후에 추가로 넣어주시면 됩니다.

Q **김 보관은 어떻게 하시나요?**

A 김은 지퍼백에 담은 뒤 공기를 뺀 다음 냉동 보관합니다.

Q **남은 김밥 재료는 어떻게 보관하나요?**

A 김밥햄, 맛살, 어묵은 냉동 보관하고 시금치는 데친 후 물기를 꽉 짜서 냉동 보관하면 됩니다.

Q **김밥의 유효기간은 어느 정도인가요?**

A 상온에서 여름 2시간, 겨울 4시간, 냉장고에서는 2일 정도 됩니다만, 가능한 빨리 먹는 것이 좋습니다.

PART 02

10분이면 만드는
다양한 김밥들

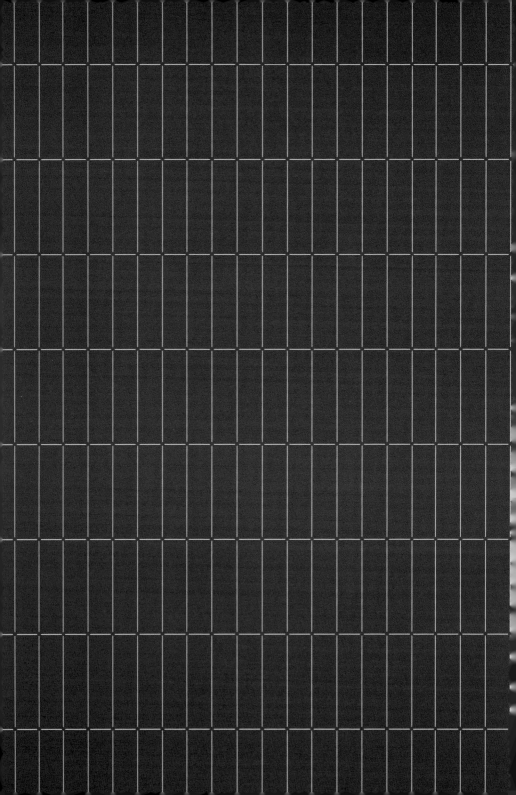

CHAPTER 01

프라이팬
하나로
만드는

원팬
김밥 레시피

1 | 원팬 김밥

QR코드를 통해 만드는 방법을 영상으로 확인해 보세요.

재료를 층층이 쌓아 팬 하나만 사용하여 간단히 만들 수 있게 고안한 김밥입니다. 재료 고유의 맛과 영양이 살아 있죠. 맛있는 데 만들기도 획기적으로 쉽다며 많은 분들이 사랑해 주셨습니다.

재료

김밥 2줄,
2인분 양입니다.

김밥햄 5줄
맛살 3줄
부추 30g
당근 약간
계란 4개
단무지 2줄
김 1장
밥 130g
식용유

양념

맛소금 ½티스푼
참깨, 참기름 기호별

레시피

준비하기

○ 김밥햄은 길이를 3등분한 뒤, 채 썰어주세요.
○ 맛살은 길이를 3등분한 뒤, 손으로 찢어줍니다.
○ 부추는 김밥햄과 비슷한 길이로 자르고, 당근은 채 썰어 둡니다.

1 불을 약불로 켜고 계란말이용 팬에 식용유를 두른 뒤, 부추→당근→김밥햄→맛살을 순서대로 차곡차곡 쌓아줍니다.

　꿀팁 | 재료 쌓는 순서를 지켜주세요. 수분기가 많은 채소부터 깔아줘야 익으면서 바닥이 타지 않습니다.

2 1번 위에 계란 2개를 깨트린 후, 뒤집개로 재료에 고르게 펴주고 앞뒤로 잘 익혀주세요. 같은 방식으로 계란 지단을 하나 더 만듭니다.

3 볼에 밥, 맛소금, 참깨, 참기름을 넣고 잘 비벼줍니다.

4 김 위에 양념한 밥을 올려 고르게 편 뒤, 가위를 이용해 길게 2등분해 줍니다.

5 등분한 김밥 위에 **2**번을 1개 놓고 단무지를 올린 뒤 돌돌 말아줍니다. 나머지 재료도 같은 방식으로 말아서 김밥을 만듭니다.

6 계란이 식으면 칼로 썰어 드시면 됩니다.

　꿀팁 | 재료를 차곡차곡 쌓아 재료 고유의 맛이 살아있어요. 보기와는 다르게 완벽히 김밥 맛이 난답니다.

2 스팸 사각 김밥

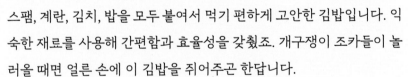

스팸, 계란, 김치, 밥을 모두 붙여서 먹기 편하게 고안한 김밥입니다. 익숙한 재료를 사용해 간편함과 효율성을 갖췄죠. 개구쟁이 조카들이 놀러올 때면 얼른 손에 이 김밥을 쥐어주곤 한답니다.

재료

김밥 4개,
1~2인분 양입니다.

스팸 200g
김치 이파리 2줄
조미김 1봉지
계란 2개
밥 200g

양념

맛소금 ½티스푼
참깨, 참기름 기호별

레시피

준비하기

◦ 스팸은 4등분하고, 끓는 물에 데쳐줍니다.
◦ 김치는 총총 썰어둡니다.

1 볼에 밥, 맛소금, 참깨, 참기름을 넣고 섞은 다음, 4등분해 줍니다.

2 조미김 박스에 등분한 밥 한 덩이를 넣고 꾹꾹 눌러 펴준 뒤, 조미김 1장을 위에 붙이고 도마 위에 조미김 박스를 뒤집어서 꺼내줍니다. 반복하여 4개 만들어 줍니다.

3 불을 약불로 켜고 계란말이용 팬에 스팸 4조각을 올려 노릇하게 구워줍니다. 앞면이 익으면 뒤집은 뒤, 바로 썰어둔 김치를 올리고 계란 2개를 깨트려 펼쳐 줍니다.

4 계란 위에 김밥 4덩이를 올려 주고 계란과 붙을 수 있게 뒤집개로 꾹꾹 눌러 밀착시킵니다.

5 뒤집개를 이용해 김밥 사이를 4등분으로 잘라줍니다.

6 뒤집개로 김밥을 눌러 봤을 때 단단하면 다 익은 겁니다. 꺼내 드시면 됩니다.

3 | 회오리 어묵 김밥

 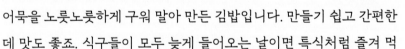

어묵을 노릇노릇하게 구워 말아 만든 김밥입니다. 만들기 쉽고 간편한 데 맛도 좋죠. 식구들이 모두 늦게 들어오는 날이면 특식처럼 즐겨 먹는 김밥입니다.

재료

김밥 2줄,
1~2인분 양입니다.

어묵 2장
청양고추 4개
계란 2개
김 1장
단무지 2줄
밥 130g
식용유 ½스푼

양념

맛소금 ½티스푼
참깨, 참기름 기호별

레시피

-- 준비하기

○ 청양고추는 총총 썰어 놓습니다.

----

1 불을 약불로 켜고 식용유를 팬 전체에 고르게 펴 바릅니다.

2 계란말이용 팬에 어묵 1장을 앞뒤로 노릇하게 구운 뒤, 청양고추 2개를 뿌리고 위에 계란 1개를 깨트려 펼쳐줍니다. 어묵을 구워서 따뜻하기 때문에 계란이 금방 익습니다.

3 위에 계란이 어느 정도 익으면 뒤집어서 마저 익혀줍니다.

4 앞뒤로 노릇노릇하게 잘 구워졌으면 꺼내서 식혀줍니다. 같은 방식으로 어묵지단을 하나 더 만듭니다.

5 볼에 밥, 맛소금, 참깨, 참기름을 넣고 잘 비벼줍니다.

6 김 위에 밥을 고르게 편 뒤, 가위로 길게 2등분해 줍니다.

7 등분한 김밥 위에 어묵 부분이 밑으로 가게 놓고 단무지를 올린 뒤 회오리 모양이 되도록 어묵 먼저 돌돌 말아줍니다. 그 다음 김밥을 말아줍니다. 같은 방식으로 김밥을 하나 더 만듭니다.

8 완성된 김밥은 적당한 크기로 썰어 드시면 됩니다.

매콤한 붉닭소스를 넣어 비빈 밥에 계란 1개를 통으로 붙여 만든 김밥입니다. 고소한 계란과 불닭소스가 만나 입안에 파티가 일어나죠. 스트레스 받을 때 제가 가끔 만들어 먹는 손쉬운 김밥입니다.

재료

김밥 4개,
1~2인분 양입니다.

계란 4개
조미김 1봉지
밥 230g
식용유

양념

불닭소스 4스푼
참깨, 참기름 기호별

레시피

1 볼에 밥, 불닭소스, 참깨, 참기름을 넣은 다음, 조미김은 4장을 뺀 나머지를 부셔 넣고 비벼줍니다.

2 골고루 섞였으면 밥을 4등분해 주고, 조미김 박스에 등분한 밥 한 덩이를 고르게 펴 꾹꾹 눌러 담아줍니다. 그 후 조미김 1장을 위에 붙인 뒤 통을 뒤집어 빼줍니다. 같은 과정으로 4개를 만들어줍니다.

3 불을 약불로 켜고 계란말이용 팬에 식용유를 고르게 발라주세요.

   ➢ 꿀팁 | 식용유 양이 많으면 계란이 굴러다녀서 만들기 힘들어요.

4 팬에 계란을 깬 다음, 계란 위에 김밥 4개를 가지런히 놓고 뒤집개로 꾹꾹 눌러 밀착해 줍니다.

5 밑면이 익으면 뒤집개로 4등분해 주세요.

6 계란이 익으면 꺼내 드시면 됩니다.

5 | 게맛살 누룽지 김밥

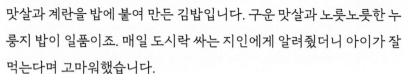

맛살과 계란을 밥에 붙여 만든 김밥입니다. 구운 맛살과 노릇노릇한 누룽지 밥이 일품이죠. 매일 도시락 싸는 지인에게 알려줬더니 아이가 잘 먹는다며 고마워했습니다.

재료

김밥 3줄,
2인분 양입니다.

맛살 6개
계란 2개
대파 약간
조미김 1봉지
밥 200g
식용유

양념

맛소금 ½티스푼
참깨, 참기름 기호별

레시피

준비하기

○ 대파는 총총 썰어 놓습니다.
○ 맛살은 팬 길이에 맞게 잘라놓습니다.

1 밥에 조미김을 부서 넣고 맛소금, 참깨, 참기름을 넣은 후 잘 비벼줍니다.

2 불을 약불로 켠 후 계란말이용 팬에 식용유를 두른 뒤, 붉은색 쪽이 위로 가게 맛살을 놓고 노릇하게 구워줍니다. 잘 익은 맛살을 뒤집은 후, 계란을 깨트려 올리고 넓게 펼쳐줍니다.

3 계란 위에 대파를 뿌린 뒤, 밥을 위에 올려 고르게 펼쳐줍니다.

⤷ 꿀팁 | 계란 위에 깻잎이나 치즈 등의 원하는 재료를 추가하셔도 좋아요.

4 계란이 어느 정도 익으면 도마나 접시를 이용해 뒤집은 다음, 뒤집개로 꾹꾹 누르며 밥을 노릇노릇하게 구워줍니다.

⤷ 꿀팁 | 뒤집개로 눌러서 단단한 느낌이 나면 계란이 어느 정도 익은 겁니다.

5 밥이 노르스름하게 익으면 꺼내어 식힌 뒤, 한입 크기로 먹기 좋게끔 썰어 드시면 됩니다.

6 네모 김밥

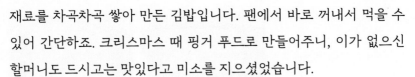

재료를 차곡차곡 쌓아 만든 김밥입니다. 팬에서 바로 꺼내서 먹을 수 있어 간단하죠. 크리스마스 때 핑거 푸드로 만들어주니, 이가 없으신 할머니도 드시고는 맛있다고 미소를 지으셨었습니다.

재료

김밥 4개,
1인분 양입니다.

조미김 1봉지
부추 약간
당근 약간
김밥햄 2½줄
맛살 1½줄
계란 2개
밥 130g
식용유

양념

맛소금 ⅓티스푼
참깨, 참기름 기호별

레시피

준비하기

○ 당근, 김밥햄, 맛살은 크게 다져 놓습니다.

⟍ 꿀팁 | 다지기를 사용하셔도 좋아요.

○ 부추는 칼로 총총 썰어주세요. 다지면 풋내가 날 수 있습니다.

1 밥에 참깨, 참기름, 맛소금을 넣고 비빈 다음, 4등분해 줍니다.

2 조미김 박스에 등분한 밥을 넣고 꾹꾹 눌러 펴준 뒤, 조미김 1장을 위에 붙이고 박스를 뒤집어 빼주세요. 같은 과정으로 총 4개를 만듭니다.

3 불을 약불로 켜고 계란말이용 팬에 식용유를 두른 뒤, 부추→당근→김밥햄→맛살 순서대로 뿌려줍니다.

4 3번 위에 계란을 깨트린 뒤, 팬 전체에 고르게 펴줍니다.

⟍ 꿀팁 | 간이 부족하신 분은 계란을 터트리고 위에 소금을 뿌려 주시면 돼요.

5 계란이 익기 전에 바로 김밥 조각 4개를 올린 다음, 꾹꾹 눌러서 계란과 김밥이 잘 붙도록 해주세요.

6 뒤집개로 김밥과 김밥 사이를 잘라 4등분해 주세요. 계란이 단단하게 익으면, 꺼내어 한 김 식힌 후 드시면 됩니다.

7 | 계란조림 김밥

계란프라이를 조린 뒤 스팸과 곁들인 김밥입니다. 만들기도 쉽고 재료도 간단해 자취생 분들에게는 최고조. 자취하는 동생에게 만들어주니 앞으로 김밥은 안 사 먹어도 되겠다며 좋아했습니다.

재료

김밥 3개,
1~2인분 양입니다.

스팸 3조각
계란 3개
고추 2개
김 1장
밥 130g
식용유

양념

케첩 1스푼
스치라차 소스 1스푼
액상 알룰로스 1스푼
간장 1스푼
맛소금 ½티스푼
참깨, 참기름 기호별

레시피

1 스팸은 끓는 물에 데친 후 굽습니다.

2 불을 중약불로 켠 다음, 계란말이용 팬에 식용유를 두르고 계란을 깨트려 계란프라이를 해줍니다. 같은 방식으로 계란프라이를 2개 더 만듭니다.

3 계란프라이에 케첩, 스리라차 소스, 액상 알룰로스, 간장과 고추를 가로로 잘라 넣고 조립니다.

4 볼에 밥, 참깨, 맛소금, 참기름을 넣고 비벼줍니다.

5 김 위에 밥을 올리고 골고루 편 뒤, 가위로 길게 3등분해 줍니다.

6 등분한 김밥 위에 조린 계란프라이 1개와 고추, 스팸 1조각을 올린 뒤 두 번 접어줍니다. 나머지 재료들도 같은 방식으로 만들어 김밥을 완성합니다.

> ↘ 꿀팁 | 고추는 계란과 같이 씹혀서 많이 맵지 않아요.

8 | 묵은지 계란 김밥

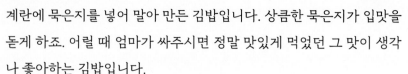

계란에 묵은지를 넣어 말아 만든 김밥입니다. 상큼한 묵은지가 입맛을 돋게 하죠. 어릴 때 엄마가 싸주시면 정말 맛있게 먹었던 그 맛이 생각나 좋아하는 김밥입니다.

재료

김밥 4줄,
2인분 양입니다.

김치 이파리 3줄(큰거)
계란 4개
김 2장
밥 200g
식용유

양념

맛소금 1티스푼
참깨, 참기름 기호별

레시피

준비하기

○ 김치는 흐르는 물에 깨끗이 헹군 뒤 물기를 꽉 짜서 손으로 찢어둡니다.

> 꿀팁 | 줄기는 수분이 많아서 김밥이 질어질 수 있어요. 이파리 위주로 준비해 주세요.

1 불을 켜고 계란말이용 팬에 식용유를 두른 다음, 계란 2개를 깨트려 넓게 부친 뒤 반을 갈라줍니다.

2 밥에 맛소금, 참깨, 참기름을 넣고 비빈 다음, 2등분해 줍니다.

3 김에 등분한 밥을 올려 고르게 편 뒤, 가위로 길게 2등분해 줍니다.

4 등분한 김밥 위에 계란과 김치 올리고 돌돌 말아줍니다. 나머지 재료도 같은 방식으로 준비해 김밥을 완성합니다.

5 그대로 드셔도 좋고, 칼로 썰어 드셔도 좋습니다.

> 꿀팁 | 쉬어버린 묵은지 처리하기 좋아요.

9 매콤 계란 김밥

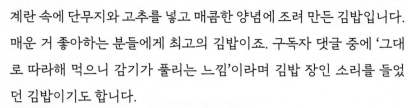

계란 속에 단무지와 고추를 넣고 매콤한 양념에 조려 만든 김밥입니다. 매운 거 좋아하는 분들에게 최고의 김밥이죠. 구독자 댓글 중에 '그대로 따라해 먹으니 감기가 풀리는 느낌'이라며 김밥 장인 소리를 들었던 김밥이기도 합니다.

재료

김밥 2줄,
1~2인분 양입니다.

계란 2개
고추 2개
단무지 4줄
김 1장
밥 130g
다진 마늘 1스푼
식용유

양념

물 ⅓컵
간장 1스푼
케첩 1스푼
고춧가루 1스푼
물엿 1스푼
참깨, 참기름, 후추 기호별

레시피

준비하기

○ 단무지를 팬 길이에 맞게 잘라둡니다.

1 불을 약불로 켜고 계란말이용 팬에 식용유를 두른 뒤, 계란 1개를 깨뜨려 대충 펴줍니다.

2 펼친 계란 위에 고추 1개를 가위로 썰어 넣고, 단무지 2줄을 올린 후 말아줍니다.

↘ 꿀팁 | 팬의 벽을 이용하면 말기 편해요.

3 말아 둔 계란은 팬 구석에 몰아놓고, 바로 옆에 같은 방법으로 하나 더 만들어줍니다.

4 계란말이 2개가 완성됐으면, 물, 간장, 케첩, 고춧가루, 물엿, 다진 마늘, 후추를 넣고 조려주세요.

↘ 꿀팁 | 원팬으로 진행해 주시면 돼요.

5 밥에 참깨, 참기름 넣고 비벼줍니다.

6 김 위에 밥을 올리고 고르게 편 뒤, 가위로 길게 2등분해 줍니다.

7 등분한 김밥 위에 조린 계란을 하나 올리고 돌돌 말아줍니다. 나머지 재료도 같은 방식으로 말아서 김밥을 만듭니다.

8 계란이 식으면 썰어 드시면 됩니다.

↘ 꿀팁 | 단무지의 감칠맛이 배어들어 계란이 맛있어요.

10 | 치즈 계란 김밥

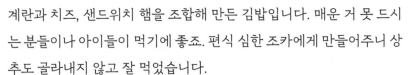

계란과 치즈, 샌드위치 햄을 조합해 만든 김밥입니다. 매운 거 못 드시는 분들이나 아이들이 먹기에 좋죠. 편식 심한 조카에게 만들어주니 상추도 골라내지 않고 잘 먹었습니다.

재료

김밥 2줄,
1인분 양입니다.

계란 2개
모짜렐라 치즈 취향껏
샌드위치 햄 2장
김 1장
상추 2장
단무지 2줄
밥 130g
식용유

양념

맛소금 ½티스푼
참깨, 참기름 기호별

레시피

1   불을 켜고 계란말이용 팬에 식용유를 두른 뒤, 계란 1개를 깨서 노른자를 터트립니다. 그 위에 모짜렐라 치즈, 샌드위치 햄 1장을 올리고 앞뒤로 구워줍니다. 같은 방식으로 계란프라이를 하나 더 만듭니다.

2   밥에 맛소금, 참깨, 참기름을 넣고 비벼줍니다.

3   김 위에 밥을 올리고 고르게 편 뒤, 가위로 길게 2등분해 줍니다.

4   등분한 김밥 위에 상추 1장, 계란프라이 1개, 단무지 1줄을 올리고 돌돌 말아줍니다. 나머지 재료도 같은 방식으로 말아서 김밥을 만듭니다.

  ↘ 꿀팁 | 상추 대신 깻잎을 넣어도 좋습니다.

5   계란프라이가 식으면 썰어 드시면 됩니다.

11 | 스팸 큐브 김밥

작은 큐브 모양의 스팸을 계란과 같이 부쳐 만든 김밥입니다. 만들기 쉽고 이미 검증된 맛이죠. 집에 놀러온 손님들에게 만들어주니 '이런 것이 속세의 맛'이라며 엄지를 치켜 올렸습니다.

재료

김밥 2줄,
1인분 양입니다.

스팸 약 100g
고추 2개
계란 2개
김 1장
단무지 2줄
밥 130g
식용유

양념

맛소금 ⅓티스푼
참깨, 참기름 기호별

레시피

○ 고추는 총총 썰어둡니다.

----

1 계란말이용 팬에 작은 큐브로 썬 스팸 50g을 넣습니다.

2 스팸을 노릇노릇하게 구운 뒤, 총총 썬 고추 1개를 넣어서 대여섯 번 휘저어줍니다. 팬 가운데로 모아준 후, 위에 계란 1개를 깨트려서 스팸에 고르게 펴주세요.

3 계란프라이를 하듯 뒤집어서 앞뒤로 구워주세요. 같은 방식으로 계란말이를 하나 더 만듭니다.

4 밥에 참깨, 참기름, 맛소금을 넣고 비벼줍니다.

5 김 위에 밥을 올리고 고르게 편 뒤, 가위로 길게 2등분해 줍니다.

6 등분한 김밥 위에 **3**번을 1개 놓고 단무지를 올린 후 돌돌 말아줍니다. 나머지 재료도 같은 방식으로 말아서 김밥을 만듭니다.

 ↘ 꿀팁 | 깻잎 등 야채를 추가하셔도 좋아요.

7 계란이 식으면 썰어 드시면 됩니다.

12 | 줄줄이 계란 김밥

👍 ↪ 💬 🔖   ⚪🔔

밥을 매콤하게 비벼 고소한 계란과 같이 곁들인 김밥입니다. 느끼할 수 있는 계란을 고추가 개운하게 잡아주죠. 벌초하러 가는 오빠에게 만들어주니 다음에도 부탁한다며 평소에 말수 적은 오빠의 말문을 트이게 했습니다.

재료

김밥 4줄,
2인분 양입니다.

샌드위치 햄 2장
치즈 2장
계란 4개
고추 2개
김 2장
단무지 4줄
밥 210g
식용유

양념

맛술 2티스푼
액상 알룰로스 2티스푼
간장 2티스푼
참깨, 참기름 기호별

레시피

준비하기

○ 고추는 총총 썰어둡니다.

1 불을 약불로 켜고 계란말이용 팬에 식용유를 두른 뒤, 샌드위치 햄을 올려 앞뒤로 구워줍니다.

2 샌드위치 햄 위에 치즈를 올리고, 계란을 깨트린 후 일렬로 나란히 줄 세워서 약불로 익혀주세요.

3 계란이 어느 정도 익으면 뒤집어 익혀주고, 꺼내어 식힌 후 4등분해 줍니다.

4 전자레인지 사용이 가능한 용기에 고추, 맛술, 액상 알룰로스, 간장을 넣고 섞은 다음, 전자레인지에 30초 돌립니다.

＞ 꿀팁 | 양념간은 원하는 대로 조절하셔도 좋아요.

5 밥에 만들어둔 소스와 참깨, 참기름을 넣고 비빈 다음, 2등분해 줍니다.

6 김 1장 위에 등분한 밥 한 덩이를 올리고 고르게 편 뒤, 가위로 길게 2등분해 줍니다.

7 등분한 김밥 위에 계란, 단무지 올리고 돌돌 말아줍니다. 나머지 재료도 같은 방식으로 말아서 김밥을 만듭니다.

8 계란이 식으면 썰어 드시면 됩니다.

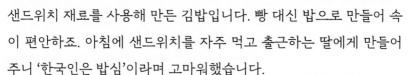

샌드위치 재료를 사용해 만든 김밥입니다. 빵 대신 밥으로 만들어 속이 편안하죠. 아침에 샌드위치를 자주 먹고 출근하는 딸에게 만들어 주니 '한국인은 밥심'이라며 고마워했습니다.

재료

김밥 2줄,
1인분 양입니다.

오이 1개
계란 2개
샌드위치 햄 2장
김 1장
단무지 2줄
밥 130g
식용유

양념

소금 ½티스푼
설탕 2티스푼
식초 1스푼
맛소금 ½티스푼
참깨, 참기름 기호별

레시피

준비하기

○ 오이는 오이씨를 빼고 채 썰어줍니다. 썰어둔 오이에 소
금, 설탕, 식초를 넣고 절인 뒤, 찬물에 헹궈 수분기를 꽉
짜둡니다.

1 불을 켜고 계란말이용 팬에 식용유를 두른 뒤, 계란 1
개를 깨트려 넓게 펼쳐주고 그 위에 샌드위치 햄 1장
을 붙여 앞뒤로 구워줍니다. 나머지 재료도 같은 방식
으로 준비합니다.

2 볼에 밥, 맛소금, 참깨, 참기름을 넣고 비벼줍니다.

3 김 위에 밥을 올려 고르게 펴고, 가위로 길게 2등분해
줍니다.

4 등분한 김밥 위에 계란지단 1장, 오이 ½개, 단무지 1줄
순으로 올리고 돌돌 말아줍니다. 나머지 재료도 같은
방식으로 말아서 김밥을 만듭니다.

5 계란이 식으면 썰어 드시면 됩니다.

14 참치 계란 김밥

참치를 계란과 구워 고소함을 끌어올린 김밥입니다. 단백질이 풍부해 1줄만 먹어도 든든하죠. 반찬하기 귀찮은 날이면 식구들에게 해주는 김밥입니다.

재료

김밥 2줄,
1~2인분 양입니다.

참치 50g
고추 4개
계란 2개
밥 130g
김 1장
단무지 2줄
식용유

양념

맛소금 ½티스푼
참깨, 참기름 기호별

레시피

○ 참치는 체에 밭쳐 기름을 제거해 주세요.

1 불을 켜고 계란말이용 팬에 식용유를 두른 뒤, 참치 25g을 올려 넓게 펴줍니다. 그 위에 가위로 고추 2개를 송송 잘라줍니다.

2 1번에 계란 1개를 깨트린 뒤 참치에 넓게 펴주고, 밑면이 익으면 뒤집어서 마저 익혀줍니다. 나머지 재료도 같은 방식으로 준비합니다.

↘ 꿀팁 | 계란과 참치를 구우면 고소한 맛이 극대화 됩니다.

3 밥에 맛소금, 참깨, 참기름을 넣고 비벼줍니다.

4 김 위에 밥을 올리고 고르게 편 뒤, 가위로 길게 2등분 해 줍니다.

5 등분한 김밥 위에 2번과 단무지를 놓고 돌돌 말아줍니다. 나머지 재료도 같은 방식으로 말아서 김밥을 만듭니다.

6 계란이 식으면 썰어 드시면 됩니다.

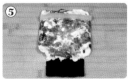

대파를 크래미와 함께 볶아 밥에 비벼 만든 김밥입니다. 대파가 듬뿍 들어가 면역력에도 좋죠. 일 다녀온 아들에게 만들어줬다가 일주일 내내 무한 생산해야 했던 김밥입니다.

60

재료

김밥 2줄,
2인분 양입니다.

대파 1대
다진 마늘 1스푼
크래미 4개
고추 2개
김 2장
단무지 2줄
밥 200g
식용유

양념

액상 알룰로스 ½스푼
굴소스 1스푼
참깨, 참기름 기호별

레시피

준비하기

○ 대파를 총총 썰어둡니다.

1 불을 켜고 식용유를 두른 뒤 대파와 다진 마늘을 넣고, 대파가 노릇노릇해질 때까지 볶아줍니다.

2 노릇노릇해졌으면 크래미를 넣고 몇 번 휘젓다가 꾹 꾹 눌러 결이 잘 풀리도록 해줍니다. 여기에 액상 알룰로스, 굴소스, 고추를 가위로 송송 잘라 넣고 다 같이 볶아줍니다.

↘ 꿀팁 | 크래미는 원하는 만큼 넣어도 됩니다.

3 크래미에 양념이 잘 스며들면 불을 끄고, 밥과 참깨, 참기름을 넣고 비빈 다음, 2등분해 주세요.

4 김 위에 등분한 밥 한 덩이와 단무지 1줄을 올리고 돌 돌 말아줍니다. 나머지 재료도 같은 방식으로 말아서 김밥을 만듭니다.

5 완성된 김밥을 적당한 크기로 썰어 드시면 됩니다.

CHAPTER 02

후딱
레시피의

스페셜
김밥 레시피

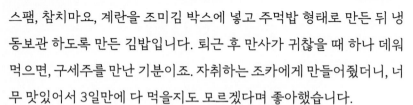

스팸, 참치마요, 계란을 조미김 박스에 넣고 주먹밥 형태로 만든 뒤 냉동보관 하도록 만든 김밥입니다. 퇴근 후 만사가 귀찮을 때 하나 데워 먹으면, 구세주를 만난 기분이죠. 자취하는 조카에게 만들어줬더니, 너무 맛있어서 3일만에 다 먹을지도 모르겠다며 좋아했습니다.

재료

김밥 8개,
8번 먹을 수 있는 양입니다.

스팸 4조각(약 8mm 두께)
참치 135g
계란 3개
조미김 4봉지
고추 1개
밥 840g
식용유

양념

맛술 1스푼
액상 알룰로스 2스푼
소금 1꼬집
맛소금 1티스푼
마요네즈 3스푼
스리라차 소스 1스푼
고추장 4스푼
참깨, 참기름 기호별

레시피

준비하기

◦ 고추는 총총 썰어줍니다.
◦ 스팸은 끓는 물에 뽀얀 물이 나올 때까지 데쳐줍니다.
◦ 참치는 체에 밭쳐 기름기를 제거한 후, 마요네즈 2스푼과 총총 썬 고추 1개를 넣고 섞어줍니다.
◦ 볼에 마요네즈 1스푼, 스리라차 소스 1스푼, 액상 알룰로스 1스푼, 고추장 4스푼을 넣고 소스를 만들어줍니다.

1 식용유를 두른 팬에 계란, 맛술, 액상 알룰로스, 소금을 넣고, 스크램블 에그를 만들어 줍니다.

2 큰 볼 2개를 준비해, 각각 밥을 420g씩 나누어 담습니다.

3 볼 한 곳에는 조미김 2봉지, 참깨, 맛소금 1티스푼, 참기름을 넣고 섞은 다음 4등분해 주고, 다른 볼에는 조미김 2봉지와 미리 섞어놓은 소스, 참깨, 참기름을 넣어서 버무린 뒤 4등분해 줍니다.

> 꿀팁 | 미리 섞어놓은 소스는 원하는 간으로 가감하여 넣어주세요.

4 조미김 박스 8개를 가지런히 놓아준 뒤 속 재료를 넣어주세요.

하얀밥 등분한 밥을 반으로 갈라, 조미김 박스에 펼친 뒤 스크램블 에그와 스팸을 차례로 올린 후 남은 밥 반 덩이를 위에 덮고 꾹꾹 눌러줍니다.

빨간밥 등분한 밥을 반으로 갈라 조미김 박스에 펼쳐준 뒤 스크램블 에그와 참치마요를 넣고, 위에 남은 밥 반 덩이를 덮어 꾹꾹 눌러 마무리해줍니다.

> 꿀팁 | 밥이 뜨겁지 않은 상태에서 모양을 잡아주세요.

5 다 만들어진 김밥은 냉동실 사용이 가능한 용기에 담아 냉동실에 보관하면 됩니다.

6 사용하실 때에는 조미김 박스를 분리한 후, 전자레인지 사용이 가능한 용기에 담아 앞뒤로 1분씩, 총 2분 돌린 뒤 드시면 됩니다.

④

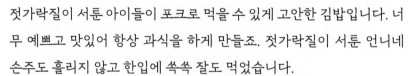

젓가락질이 서툰 아이들이 포크로 먹을 수 있게 고안한 김밥입니다. 너무 예쁘고 맛있어 항상 과식을 하게 만들죠. 젓가락질이 서툰 언니네 손주도 흘리지 않고 한입에 쏙쏙 잘도 먹었습니다.

재료

김밥 4줄,
2인분 분량입니다.

오이 ½개
김밥햄 4줄
단무지 4줄
맛살 2줄
계란 4개
밥 200g
김 1장
식용유

양념

식초 1스푼
올리고당 1스푼
소금 1티스푼과 1꼬집
맛소금 ½티스푼
참기름 1스푼
참깨 기호별

레시피

 **준비하기**

○ 오이는 맛살의 길이에 맞게 자른 뒤, 두께를 4등분합니다. 식초, 올리고당, 소금을 넣고 절인 뒤, 물기를 꽉 짜둡니다.
○ 맛살은 두께를 반으로 가르고, 계란은 소금 1꼬집 넣고 잘 풀어둡니다.

1 밥에 맛소금, 참깨, 참기름을 넣고 비빈 다음, 김 전체에 펴주고 손으로 꾹꾹 눌러 밥과 김이 잘 붙게 합니다.

2 불을 약불로 켜고 팬에 식용유를 두른 다음, 김밥햄→단무지→맛살→오이 순으로 네 번(4세트) 놓습니다.
　↘ 꿀팁 | 맛살의 붉은색 부분과, 오이의 초록색 부분이 밑으로 가게 놓아줍니다.

3 올려둔 재료 위로 계란물을 골고루 부어준 다음, 김밥의 밥 부분을 밑으로 가게 해 부어둔 계란물 위로 올려주세요.

4 가장자리부터 전체적으로 꾹꾹 눌러 붙여주고 뚜껑을 덮은 뒤 계란을 익혀줍니다.
　↘ 꿀팁 | 계란이 다 익을 정도면 아래의 재료들도 충분히 익은 상태입니다.

5 계란이 전부 익으면 팬 위로 도마를 대고 뒤집은 다음, 김밥을 꺼내줍니다.

6 계란이 다 식으면 가장자리를 정리하고 다시 뒤집어서 1세트씩 잘라 4줄로 만들어줍니다.

7 4줄의 김밥은 적당한 크기로 썰어 드시면 됩니다.

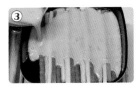

3 ││ 꼬치 김밥

추억의 떡꼬치를 생각하며 만든 김밥입니다. 옛날 하굣길에 먹던 추억
이 생각나는 맛이죠. 떡꼬치를 좋아하는데 떡만 먹으면 속이 부대끼는
제게 위로가 되어준 김밥입니다.

재료

김밥 3개,
1~2인분의 분량입니다.

밥 200g
김 2장
단무지 4줄
라이스페이퍼 8장
꼬치 3개
식용유

양념

맛소금 ½티스푼
스리라차 소스 1스푼
케첩 1스푼
간장 1스푼
액상 알룰로스 1스푼
참깨, 참기름 기호별

레시피

준비하기

○   김을 가로로 반을 접은 뒤 잘라줍니다.

1   밥에 맛소금, 참깨, 참기름을 넣고 비빈 다음, 4등분해
    줍니다.

2   잘라놓은 김에 등분한 밥을 올려 고르게 펴고, 단무지
    1줄을 놓은 뒤 돌돌 말아줍니다.

3   찬물을 묻힌 라이스페이퍼 2장을 도마 위에 겹치게 놓
    아주고, 그 위에 김밥 1개를 올려 돌돌 말아줍니다. 나
    머지 재료도 같은 방식으로 준비합니다.

4   잘 말아진 김밥 4개를 가지런히 놓고 라이스페이퍼의
    가장자리를 잘라 정리한 뒤, 꼬치 3개를 적당한 간격
    으로 꽂고 칼로 3등분해 줍니다.

    ↘ 꿀팁 | 김밥에 꼬치를 먼저 꽂아준 후 썰어주면 편해요.

5   떡꼬치 모양의 김밥 3개가 완성됐으면 식용유를 두른
    팬에 올려 앞뒤로 노릇노릇하게 구워줍니다.

6   스리라차 소스, 케첩, 간장, 액상 알룰로스를 잘 섞어
    양념을 만든 뒤, 붓을 이용해 꼬치 김밥에 발라줍니다.

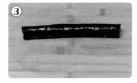

4 해바라기 김밥

소시지를 계란과 함께 말아 만든 김밥입니다. 먹기가 아까울 정도로 예쁜 김밥이죠. 일 다녀온 아들에게 만들어줬더니 꽃다발을 주냐며 즐거워했습니다.

재료

김밥 4줄,
2인분 양입니다.

계란 4개
소시지 4개
단무지 2줄
깻잎 4장
김 2장
밥 200g
식용유

양념

소금 1꼬집
맛소금 ½티스푼
참깨, 참기름 기호별

레시피

준비하기

○ 소시지는 양 끝에 칼집을 낸 뒤, 끓는 물에 데쳐 첨가물을 빼줍니다.
○ 계란은 소금 1꼬집을 넣고 잘 풀어둡니다.
○ 단무지는 수분을 제거한 후 작게 다지고, 깻잎은 반으로 잘라줍니다.

1 불을 약불로 켜고 식용유를 두른 큰 팬에 계란물을 부어 계란지단을 부쳐주세요.

> 꿀팁 | 기름은 최소한의 양만 사용하여 약불로 부쳐주세요. 두께가 일정하게 익어야 계란꽃이 예쁘게 만들어진답니다.

2 계란지단이 식으면 지단 양쪽을 종이접기 하듯이 접습니다. 접힌 면에 칼집을 낸 후, 반으로 잘라 총 4개를 만들어주세요.

3 밥에 단무지, 맛소금, 참깨, 참기름을 넣고 비빈 다음, 2등분해 줍니다. 김 위에 등분한 밥을 올려 펴고 가위로 길게 2등분해 줍니다.

4 등분한 김밥 위에 깻잎을 지그재그로 놓은 뒤 계란지단 1개, 소시지 1개 순으로 올립니다. 계란지단으로 소시지를 먼저 말아준 뒤 김밥을 돌돌 말아줍니다. 나머지 재료도 같은 방식으로 말아서 김밥을 만듭니다.

5 꽃 모양이 잘 느껴지도록 예쁘게 썰어주면 완성입니다.

> 꿀팁 | 김밥을 자르지 않고 통으로 놓으면 더욱 풍성하고 먹음직스럽습니다. 취향에 따라 플래이팅 해 보시기 바랍니다.

5 │ 스팸 포크
김밥

스팸을 듬뿍 으깨 넣은 계란과 밥을 붙여 만든 김밥입니다. 계란에 김
밥을 올려놓고 기다리면 되니 만들기도 쉽죠. 딸아이의 친구가 집에 놀
러오는 날이면 단골 메뉴로 등장했습니다.

재료

김밥 4줄,
2인분 양입니다.

스팸 약 140g
계란 4개
부추 약간
고추 2개
단무지 3줄
김 1장
밥 200g
식용유

양념

소금 ⅓티스푼
맛소금 ½티스푼
참기름 1스푼
참깨, 후추 기호별

레시피

 준비하기

○ 부추와 고추는 깨끗이 씻어 총총 썰어둡니다.
○ 스팸은 뜨거운 물에 뽀얀 물이 나올 때까지 데친 다음, 비닐봉투에 넣어 손으로 으깨줍니다.
○ 단무지는 총총 썰어둡니다.

1 큰 볼에 계란, 부추, 고추, 소금, 후추, 스팸을 넣고 잘 섞어줍니다.

2 밥에 맛소금, 참깨, 참기름, 단무지를 넣고 잘 비빈 다음, 김 전체에 펴고 손으로 꾹꾹 눌러 밥이 김에 잘 붙도록 해줍니다.

3 불을 약불로 켜고 팬에 식용유를 두른 다음, 1번을 부어줍니다.

4 3번 위에 2번을 엎어 잘 밀착되도록 꾹꾹 눌러 정리해줍니다.

5 속까지 잘 익을 수 있게 뚜껑을 덮어줍니다.

6 계란이 완전히 익으면 꺼내서 식힌 뒤, 적당한 크기로 잘라 드시면 됩니다.

6 | 내 맘대로 김밥

밥과 재료를 모두 섞어 만든 김밥입니다. 재료를 하나하나 놓는 수고를 덜어주죠. 친정 식구랑 휴가갈 때 후딱 싸서 차에서 먹은 추억이 있는 김밥입니다.

재료

김밥 3줄,
2~3인분 양입니다.

계란 2개
당근 1개(작은 거)
맛살 2줄
김밥햄 5줄
부추 한 줌
단무지 3줄
김 3장
다진 마늘 1스푼
밥 200g
식용유

양념

소금 ½티스푼, 1꼬집
맛소금 ½티스푼
참깨, 참기름 기호별

레시피

(준비하기)

○ 당근은 채 썰어둡니다.
○ 맛살은 길이를 3등분한 후 손으로 적당히 찢어주고, 김밥
   햄은 길이를 3등분한 후 채 썰어줍니다.
○ 부추는 깨끗이 씻은 다음, 맛살 길이로 썰어줍니다.
○ 계란은 소금 1꼬집을 넣고 잘 풀어둡니다.

1 불을 약불로 켜고 팬에 식용유를 두른 뒤, 계란물 붙고
   부쳐주세요.

2 잘 부쳐진 계란은 도마 위에 놓고 돌돌 말아 채 썰어줍
   니다.

3 큰 팬에 식용유를 두른 뒤, 당근, 다진 마늘, 소금 ½티
   스푼을 넣고 당근이 살짝 유연해질 때까지 볶아줍니
   다. 적당히 익은 당근을 팬의 가장자리로 밀어 가운데
   를 비우고, 그 안에 맛살과 김밥햄을 넣고 볶아주다가
   김밥햄이 어느 정도 익으면 불을 끄고 부추를 넣어 섞
   어줍니다.

   ↘ 꿀팁 | 재료를 하나하나 볶을 필요 없이 한 번에 볶아요. 다 볶은 재
      료는 김밥이 눅눅해지지 않도록 넓게 펴서 수분을 날려주세요.

4 밥에 맛소금, 참깨, 참기름을 넣어 밑간을 해둔 뒤, *3*번
   과 함께 잘 비벼줍니다.

5 잘 비빈 밥에 썰어둔 계란을 넣어줍니다. 계란이 으스
   러지지 않도록 살살 섞어주세요.

6 김 1장 위에 *5*번을 적당량 펴놓고, 단무지를 1줄 올린 후
   돌돌 말아줍니다. 나머지 재료도 같은 방식으로 준비한
   뒤, 잘 싸인 김밥을 한입 크기로 잘라주면 완성입니다.

7 | 어묵 당근 김밥

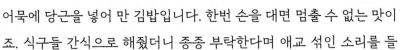

어묵에 당근을 넣어 만 김밥입니다. 한번 손을 대면 멈출 수 없는 맛이죠. 식구들 간식으로 해줬더니 종종 부탁한다며 애교 섞인 소리를 들었습니다.

재료

김밥 4줄,
1~2인분 양입니다.

어묵 4장
당근 1개
단무지 4줄
김 2장
다진 마늘 1스푼
밥 210g
식용유

양념

소금 ½티스푼
설탕 1½티스푼
굴소스 1티스푼
물 3스푼
맛소금 ½티스푼
참깨, 참기름 기호별

레시피

준비하기

○ 당근은 채 썰어두고, 단무지는 길이를 반으로 잘라둡니다.
○ 어묵은 뜨거운 물에 데쳐주세요.

↘ 꿀팁 | 어묵은 물에 오래 담가 놓으면 불어서 쫄깃함이 사라지므로 앞뒤로 뒤적거린 후 바로 꺼내줍니다.

1 궁중팬에 식용유를 두른 뒤 당근, 소금, 설탕 ½티스푼, 다진 마늘을 넣고, 당근이 유연해질 때까지 볶은 후 건져냅니다.

↘ 꿀팁 | 볶은 당근은 펼쳐서 수분을 날려주세요.

2 당근을 볶은 팬에 설탕 1티스푼, 굴소스, 식용유, 물을 넣어서 잘 섞은 다음, 어묵을 넣어 골고루 묻혀가며 수분기가 사라질 때까지 약불로 구워줍니다.

↘ 꿀팁 | 어묵을 볶을 때 물을 넣으면, 어묵이 부드러워지고 간도 잘 배어서 더 맛있어집니다.

3 밥에 맛소금, 참깨, 참기름을 넣고 잘 섞은 다음, 2등분해 줍니다.

4 등분한 밥을 김 위에 올리고 편 뒤, 가위로 길게 2등분해 줍니다.

5 4번 위에 어묵 1장을 넓게 펼친 뒤, 단무지와 당근을 듬뿍 올려 어묵만 말아줍니다. 그 다음 동그랗게 말린 어묵을 다시 한 번 김밥으로 싸줍니다. 나머지 재료도 같은 방식으로 말아서 김밥을 완성합니다.

8 햄버거 김밥

한 번 접어 만든 김밥입니다. 닭가슴살과 채소가 들어가 건강식으로도 제격이죠. 벌크 업 중인 아들에게 간식으로 만들어줬더니 "사랑해요" 가 저절로 나온 김밥입니다.

재료

김밥 2개,
2인분 양입니다.

닭가슴살 1개
양파 ¼개
당근 30g
깻잎 4장
치즈 2장
밥 200g
김 2장

양념

맛술 1스푼
흑설탕 1스푼
데리야끼 소스 1스푼
굴소스 1스푼
소금 ½티스푼
설탕 1스푼
식초 1스푼
참기름 1스푼
참깨, 허니머스타드 소스 기호별

레시피

○ 닭가슴살은 물이 팔팔 끓을 때 맛술을 넣고 삶아줍니다.
○ 양파는 얇게 슬라이스 한 뒤, 찬물에 담가 매운기를 빼줍니다.
○ 당근은 채 썰어둡니다.
○ 볼에 참기름, 흑설탕, 데리야끼 소스, 굴소스를 넣고 소스를 만들어둡니다.

1 닭가슴살 두께를 반으로 잘라줍니다. 자른 닭가슴살에 미리 만든 소스를 바른 뒤, 약불에 노릇노릇하게 구워줍니다.

2 밥에 소금, 설탕, 식초를 넣고 비벼줍니다.

3 골고루 섞였으면 손에 참기름을 묻혀서 밥을 2등분해 주세요.
　↘ 꿀팁 | 손에 참기름을 바르면 밥알이 손에 붙지 않아요.

4 김 1장을 세로로 반을 접어서 편 다음, 등분한 밥을 김 반 쪽에 펴주고, 반대쪽 김으로 덮어주세요.

5 4번 위에 깻잎 2장, 당근, 양파, 허니머스타드 소스, 치즈, 닭가슴살을 올린 뒤, 반쪽을 덮어줍니다. 나머지 재료도 같은 방식으로 말아서 김밥을 완성합니다.
　↘ 꿀팁 | 도시락으로 쌀팬랩으로 감싼 뒤 반으로 자르면 더욱 깔끔하게 먹을 수 있습니다.

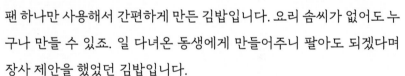

팬 하나만 사용해서 간편하게 만든 김밥입니다. 요리 솜씨가 없어도 누구나 만들 수 있죠. 일 다녀온 동생에게 만들어주니 팔아도 되겠다며 장사 제안을 했었던 김밥입니다.

재료

김밥 6개,
2인분 양입니다.

계란 4개
청양고추 2개
김밥햄 5줄
맛살 2줄
밥 200g
단무지 2줄
김 1장
식용유

양념

소금 1티스푼
참기름 1스푼
참깨, 후추 기호별

레시피

○ 계란은 잘 풀어둡니다.
○ 김밥햄, 맛살, 단무지, 청양고추는 총총 썰어줍니다.

1 밥에 단무지, 소금 ½티스푼, 참깨, 참기름을 넣고 잘 비벼줍니다. 양념한 밥을 김에 전체적으로 펴주고 손으로 꾹꾹 눌러 밥과 김을 밀착시킵니다.

2 풀어둔 계란에 썰어둔 청양고추, 김밥햄, 맛살, 소금 ½티스푼, 후추, 참깨를 넣고 잘 섞어줍니다.

3 식용유를 두른 팬에 **2**번을 전부 부어줍니다. 만약 뭉친 재료가 있다면 팬 전체에 고르게 배치되도록 정리해 주세요.

4 계란물 위에 **1**번을 김이 위로 가도록 덮어줍니다.

5 가장자리부터 전체적으로 꾹꾹 눌러서 계란과 김밥을 붙여주고 뚜껑을 덮은 뒤, 약불에 계란을 익혀줍니다.

6 내용물이 전부 익으면 도마를 위에 댄 뒤 뒤집어 김밥을 꺼내줍니다.

7 김밥이 완전히 식으면 먹기 좋은 크기로 잘라 완성해 주세요.

④

10 핫도그 김밥

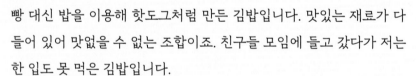

빵 대신 밥을 이용해 핫도그처럼 만든 김밥입니다. 맛있는 재료가 다 들어 있어 맛없을 수 없는 조합이죠. 친구들 모임에 들고 갔다가 저는 한 입도 못 먹은 김밥입니다.

재료

김밥 2개,
2인분 양입니다.

소시지 2개
계란 1개
슬라이스 치즈 2개
김 1장
밥 200g
모짜렐라 치즈 약간
식용유

양념

케첩, 머스타드 소스 기호별
소금 1꼬집

레시피

준비하기

○ 소시지는 끓는 물에 데쳐둡니다.
○ 계란은 잘 풀어둡니다.

1   밥에 소금을 넣은 다음, 계란물을 조금씩 부어가며 비
    빈 후 2등분해 줍니다.

    ↘ 꿀팁 | 계란은 밥이 너무 질어지지 않고 점성이 생길 정도로만 넣어
      주세요.

2   팬 위에 식용유를 두르고 등분한 밥을 동그랗게 모양
    을 만들어가며 약불로 구워줍니다.

3   밑면이 익으면 뒤집고 밥이 따뜻할 때 슬라이스 치즈
    와 모짜렐라 치즈, 소시지를 차례대로 올린 후, 프라이
    팬의 벽을 이용해 양 옆을 감싸듯 말아줍니다.

4   밥과 소시지가 잘 붙었으면 팬에서 꺼낸 다음 김 ½장
    을 아래쪽에 붙입니다. 같은 방식으로 핫도그 김밥을
    하나 더 완성합니다.

    ↘ 꿀팁 | 치즈가 녹으면서 접착제 역할을 해요. 밥과 소시지가 뜨거운
      상태면 모양이 더 잘 잡힌답니다.

5   완성된 김밥 위에 머스타드 소스와 케첩을 뿌려 드시
    면 됩니다.

11 │ 누룽지
김밥

김치, 어묵, 고추가 들어간 밥을 팬에 노릇노릇하게 굽고 계란으로 부쳐서 만든 김밥입니다. 한입 베어 물면 구수함이 진동하죠. 딸내미한테 해줬더니 고깃집에서 먹는 볶음밥의 누룽지 같은 맛이 난다며 잘 먹었습니다.

재료

김밥 1줄,
1인분 양입니다.

어묵 ½장
김치 1줄
계란 2개
고추 1개
치즈 ½장
김 1장
밥 130g
식용유

양념

액상 알룰로스 ½스푼
굴소스 ½스푼
참깨, 참기름, 후추 기호별

레시피

○ 김치는 물기를 꽉 짠 후 다져주세요
○ 어묵은 끓는 물에 데친 후, 작은 큐브 모양으로 다져주세요.
○ 고추는 총총 썰어둡니다.

1 팬에 식용유를 두르고 어묵, 김치, 액상 알룰로스, 굴소스, 고추를 넣고 30초 정도 볶아줍니다.
> 꿀팁 | 팬은 둥근 팬 네모 팬 상관없어요. 다만 네모 팬으로 하면 김밥 모양이 더 균일합니다.

2 불을 끄고 **1**번에 밥, 참기름, 후추, 참깨를 넣고 같이 섞어줍니다. 잘 섞인 밥은 팬에 얇고 고르게 펴주세요.

3 불을 약불로 켜고 **2**번 위에 계란을 깨트린 후, 계란이 밥에 골고루 묻을 수 있도록 뒤집개로 퍼트려 주세요.

4 밀면이 노릇노릇하게 구워졌으면 뒤집어서 윗면도 익혀주고, 다 익으면 꺼내서 미지근해질 때까지 식혀줍니다.

5 미지근하게 식으면 키친타월로 기름기를 제거한 후, 김 위에 올리고 끝에 치즈를 붙여 돌돌 말아줍니다.
> 꿀팁 | 속 재료는 말면서 밀릴 것을 감안하여 치즈와 멀리 떨어뜨려서 놓아주세요.

6 잘 말린 김밥을 예쁘게 썰면 완성입니다.

안 터지는 김밥

김밥이 터지지 않도록 고안한 김밥입니다. 라이스페이퍼를 덧대어 식감이 쫄깃하고, 구워서도 먹을 수 있죠. 김밥만 만들면 옆구리가 터진다며 투덜대는 친구에게 알려줬더니 "어디서 이런 아이디어가 나왔어?"라는 감탄을 들었습니다.

재료

김밥 4줄,
2인분 양입니다.

부추 한 줌
맛살 2줄
김밥햄 4줄
당근 100g
단무지 4줄
김 2장
라이스페이퍼 4장
다진 마늘 1스푼
밥 200g
식용유

양념

소금 ⅓티스푼
맛소금 ½티스푼
참깨, 참기름 기호별

레시피

준비하기

○ 김밥햄과 단무지는 길이를 반으로 자르고, 맛살은 두께
와 길이를 반으로 잘라줍니다.
○ 부추는 김밥햄 길이에 맞춰 자른 뒤, 뜨거운 물에 짧게 데
쳐 줍니다.
○ 당근은 채 썰어줍니다.

1 넓은 팬에 식용유를 두르고 김밥햄과 맛살을 넣어 볶
아줍니다.

2 볶은 김밥햄과 맛살은 건져낸 뒤, 같은 팬에 당근, 다
진 마늘, 소금을 넣고 볶아줍니다.

3 밥에 맛소금, 참깨, 참기름을 넣고 비빈 다음, 2등분해
줍니다.

4 김 1장 위에 등분한 밥을 올려 편 뒤, 가위로 길게 2등
분해 줍니다.

5 찬물을 묻힌 라이스페이퍼 1장을 도마 위에 올리고 물
기를 살짝 키친타월로 닦아줍니다. 그 위에 4번을 올린
뒤 라이스페이퍼로 감싸줍니다.

﹅ 꿀팁 | 김의 모서리가 라이스페이퍼의 가장자리와 맞닿게 두고 싸
아 라이스페이퍼가 한 곳에 뭉쳐 질겅거리며 씹히는 것을 방지할 수
있어요.

6 5번 위에 당근, 부추, 김밥햄, 맛살, 단무지 등 속 재료
를 놓고 돌돌 말아줍니다. 나머지 재료도 같은 방식으
로 말아서 김밥을 완성합니다.

﹅ 꿀팁 | 레시피에서 설명하는 것이 아닌, 좋아하는 다른 재료를 넣어
도 좋습니다.

7 완성된 김밥은 잘 터지지 않기 때문에 훨씬 쉽게 자를
수 있습니다.

﹅ 꿀팁 | 완성된 김밥을 기름 바른 팬에 올려 구워 먹어도 맛있어요.

⑤

재료와 밥을 말지 않고 포크로 찍어 먹을 수 있게 고안한 김밥입니다. 먹어보면 분명 김밥인데 겉모습은 부침개 같은 느낌이 나죠. 옆집 새댁 한테 알려줬더니 고맙다며 음료수를 사다 주었습니다.

재료

김밥 6줄,
2인분 양입니다.

김밥햄 5줄
맛살 3줄
부추 한 줌
당근 약간
단무지 3줄
계란 4개
김 1장
밥 200g
식용유

양념

맛소금 1티스푼
참깨, 참기름 기호별

레시피

준비하기

◌ 김밥햄은 길이를 3등분한 후 채 썰어주고, 맛살은 길이를 3등분한 후 손으로 대충 찢어줍니다.

◌ 부추는 깨끗이 씻어 김밥햄과 맛살 크기로 자르고, 당근은 채 썰어둡니다.

◌ 단무지는 길이를 3등분해 놓습니다.

1 밥에 맛소금, 참깨, 참기름을 넣고 골고루 섞어줍니다.

2 김 위에 양념한 밥을 올린 뒤, 김 전체에 펴준 후 반으로 잘라줍니다.

3 불을 약불로 켠 다음 계란말이용 팬의 바닥과 옆면에 기름을 골고루 두르고 부추, 당근, 김밥햄, 맛살, 단무지 순으로 올려줍니다.

> 꿀팁 | 팬에 재료를 순서대로(야채→김밥햄, 맛살) 넣어줘야 바닥이 타거나 눌러 붙지 않아요.

4 3번 위에 2번 1개를 가위로 대충 잘라 팬에 전체적으로 배치합니다.

5 4번 위에 계란을 깨트려 고르게 펴서 익혀줍니다.

6 밑면이 잘 익으면 도마를 이용해 뒤집어주고 윗면도 익혀줍니다.

> 꿀팁 | 속까지 완전히 익혀주세요. 계란이 단단하면 다 익은 겁니다.

7 계란이 완전히 익으면 도마에 올려 식힌 후 적당한 크기로 잘라 드시면 됩니다.

> 꿀팁 | 부추가 있는 면을 밑으로 놓고 썰면 편해요.

14 | 어묵 밥전
김밥

밥과 어묵을 통째로 붙여 만든 김밥입니다. 어묵이 들어가 쫄깃한 식감을 자랑하죠. 식감에 민감한 오빠가 인정한 김밥입니다.

재료

김밥 3줄,
2인분 양입니다.

어묵 3장
오이 ½개
계란 4개
맛살 3줄
단무지 3줄
치즈 1½장
밥 200g
김 1½장
식용유

양념

소금 2티스푼
식초 1스푼
올리고당 1스푼
맛술 1스푼
참깨 기호별

레시피

 준비하기

○ 어묵은 뜨거운 물에 데쳐줍니다.

○ 오이는 두께를 4등분하여 씨를 빼주고, 소금 1티스푼, 식초 1스푼, 올리고당 1스푼을 넣어 절인 뒤 꼭 짜서 준비합니다.

○ 치즈는 칼등을 이용해 길게 4등분 내줍니다.

1 큰 볼에 밥, 계란, 맛술, 소금 1티스푼을 넣고 섞어 반죽처럼 만듭니다.

2 불을 약불로 켜고 계란말이용 팬에 식용유를 두른 뒤 1번을 적당량 퍼줍니다. 그 다음 어묵을 1장 올린 후, 다시 위에 반죽으로 골고루 덮어줍니다. 반죽→어묵→반죽 순서로 생각하면 쉽습니다.

3 밑면이 익으면 뒤집어서 윗면도 익혀주세요. 나머지 재료도 같은 방식으로 준비해 어묵지단을 3장 만들어줍니다.

4 김 1장을 세로로 접은 뒤 가위로 길게 2등분해 주세요.

5 등분한 김의 위아래에 잘라놓은 치즈를 붙여줍니다.

6 키친타월로 기름기를 제거한 3번 1개를 김 위에 올린 뒤 오이, 맛살, 단무지를 넣고 말아줍니다. 나머지 재료도 같은 방식으로 말아서 김밥을 완성합니다.

치즈와 소시지로 맛을 낸 누드 김밥입니다. 소시지에 막대기를 꽂아주면 들고 먹기도 편하죠. 밥보다 빵을 더 좋아하는 개구쟁이 조카도 노래를 흥얼대며 먹었습니다.

재료

김밥 2개,
2인분 양입니다.

소시지 2개
치즈 2장
단무지 1줄
김 1장
밥 180g

양념

맛소금 ½티스푼
참깨, 참기름 기호별

레시피

○ 단무지는 길이를 반으로 자르고, 두께는 4등분해 줍니다.
○ 소시지는 끓는 물에 데쳐줍니다.

1 밥에 맛소금, 참깨, 참기름을 넣고 비빈 후 김에 펴줍니다. 꾹꾹 눌러 김과 밥이 잘 달라붙게 한 뒤, 가위로 길게 2등분해 줍니다.

> ↘ 꿀팁 | 밥을 펴줄 땐 가장자리까지 알차고 고르게 펴주세요. 그래야 말았을 때 모양이 균일하고 예쁘답니다.

2 등분한 김밥은 김이 위로 오도록 뒤집어 줍니다. 밥이 없는 쪽에 치즈를 올리고 단무지는 띄엄띄엄 놓아줍니다.

3 단무지 사이에 소시지를 올리고 돌돌 말아줍니다. 나머지 재료도 같은 방식으로 말아서 김밥을 완성합니다.

4 소시지에 나무젓가락을 꽂아 핫도그처럼 들고 먹어도 좋고, 칼로 썰어 드셔도 좋습니다.

16 접어 먹는 김밥

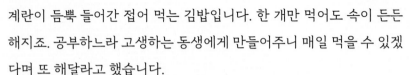

계란이 듬뿍 들어간 접어 먹는 김밥입니다. 한 개만 먹어도 속이 든든 해지죠. 공부하느라 고생하는 동생에게 만들어주니 매일 먹을 수 있겠 다며 또 해달라고 했습니다.

재료

김밥 2개,
2인분 양입니다.

계란 4개
스팸 200g
상추 2장
조미김 8장
밥 200g
식용유

양념

소금 1꼬집
맛소금 ½티스푼
참깨, 참기름 기호별

레시피

 준비하기

- 계란은 소금 1꼬집을 넣고 잘 풀어둡니다.
- 스팸은 끓는 물에 뽀얀 물이 나올 때까지 데친 후, 2조각으로 잘라 앞뒤로 구워주세요.
- 상추는 씻은 뒤 물기를 털어둡니다.

1 밥에 맛소금, 참깨, 참기름을 넣어 잘 비빈 다음, 4등분해 줍니다.

2 도마 위에 조미김 4장을 각각 깔고 그 위에 등분한 밥을 펴줍니다. 그리고 그 위에 다시 조미김을 덮어줍니다. 그러면 김밥 4덩이가 만들어집니다.

3 불을 약불로 켠 다음, 큰 팬에 식용유를 두르고 계란물을 붓습니다. 밑면이 완전히 익기 전에 김밥 2덩이를 놓아줍니다.

4 계란을 편지지 모양으로 4면을 접어 김밥을 감싸줍니다.

5 계란 위에 상추와 스팸을 올리고, 반으로 접어줍니다. 나머지 재료도 같은 방식으로 말아서 김밥을 완성합니다.

↘ 꿀팁 | 속 재료는 다른 것으로 구성해서도 좋아요.

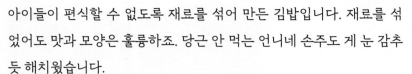

아이들이 편식할 수 없도록 재료를 섞어 만든 김밥입니다. 재료를 섞었어도 맛과 모양은 훌륭하죠. 당근 안 먹는 언니네 손주도 게 눈 감추듯 해치웠습니다.

재료

김밥 2줄,
2인분 양입니다.

계란 2개
당근 ½개
김밥햄 5줄
맛살 2줄
부추 한 줌
단무지 3줄
김 3장
밥 210g
다진 마늘 1스푼
식용유 3스푼

양념

소금 2꼬집
맛소금 ½티스푼
참깨, 참기름 기호별

레시피

준비하기

○ 계란은 소금 1꼬집을 넣고 잘 풀어둡니다.
○ 당근은 채 썰어주고, 부추는 당근 길이만큼 썰어둡니다.
○ 맛살은 두께를 반으로 잘라줍니다.
○ 단무지는 두께와 길이를 반으로 잘라줍니다.

1 불을 약불로 켜고 팬에 식용유를 두른 뒤, 계란을 부친 후 길게 채를 썹니다.

2 식용유를 두른 팬에 당근, 다진 마늘, 소금 1꼬집을 넣고 당근이 유연해질 때까지 볶아줍니다.

3 김밥햄과 맛살, 부추도 식용유를 두르고 구워줍니다.
> 꿀팁 | 모든 재료를 팬 하나에 볶아도 좋아요. 식용유를 두른 팬에 당근을 볶은 후 옆으로 밀어놓고, 김밥햄과 맛살을 넣어 구워주면 됩니다.

4 계란, 당근, 김밥햄, 맛살, 부추, 단무지를 다 함께 섞어줍니다.

5 밥에 참깨, 맛소금, 참기름을 넣고 비빈 다음, 2등분해 줍니다.

6 김 1장 위에 등분한 밥을 올리고 편 뒤, 그 위에 김 ½장을 올려 붙여줍니다.

7 속 재료를 손으로 한 움큼 쥐고 김밥 위에 올린 뒤 돌돌 말아줍니다. 나머지 재료도 같은 방식으로 준비합니다.

8 칼로 예쁘게 썰면 완성입니다.

18 | 계란말이
김밥

스팸과 김치가 들어간 계란말이 김밥입니다. 김치가 들어가 느끼함을
잡아주죠. '계란 러버' 조카의 원픽 김밥입니다.

재료

김밥 4줄,
2인분 양입니다.

스팸 120g
김치 140g
계란 5개
모짜렐라 치즈 기호에 맞게
밥 200g
김 2장
식용유

양념

맛소금 ½티스푼
소금 1꼬집
참깨, 참기름 기호별

레시피

준비하기

◦ 스팸은 4조각으로 썰어 뜨거운 물에 데친 후, 기름을 두르지 않은 팬에 구워줍니다.

◦ 김치는 국물을 꽉 짜서 송송 썬 뒤, 아무것도 넣지 않고 식용유에 1분 이내로 볶아줍니다.

◦ 계란은 소금 1꼬집을 넣고 잘 풀어둡니다.

1   밥에 맛소금, 참깨, 참기름을 넣고 잘 비빈 다음, 2등분해 줍니다.

2   등분한 밥을 김 위에 놓고 편 뒤, 김치와 스팸을 올린 후 종이접기 하듯이 두 번 접어줍니다. 같은 방식으로 1줄 더 만들어줍니다.

3   접은 김밥의 가운데를 잘라, 총 4덩이로 만들어줍니다.

4   불을 약불로 켜고 팬에 식용유를 두른 뒤 계란물을 넓게 부어줍니다. 그 위로 모짜렐라 치즈를 적당량 뿌리고 김밥 1개를 올려 계란말이 하듯이 돌돌 말아줍니다. 나머지 김밥도 같은 방식으로 계란말이를 해줍니다.

5   김밥을 감싼 계란이 식으면 썰어 드시면 됩니다.

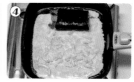

맛살을 펴서 겉을 만 김밥입니다. 너무 예뻐서 속이 궁금한 아이죠. 동생과 다툰 날 만들어주니 저절로 화해가 되었습니다.

재료

김밥 2줄,
1~2인분 양입니다.

당근 ½개
부추 한 줌
계란 2개
맛살 2줄
밥 130g
김 1장
단무지 2줄
다진 마늘 1스푼
식용유

양념

굴소스 1스푼
액상 알룰로스 ½스푼
소금 ½티스푼
참깨, 참기름 기호별

레시피

준비하기

○ 당근은 채를 썰고, 부추는 당근 길이만큼 썰어줍니다.

○ 맛살은 돌려가며 꾹꾹 눌러 뭉친 결을 풀어서 넓게 펼쳐
줍니다.

1 불을 켜고 넓은 팬에 식용유를 두른 뒤, 당근, 다진 마
늘, 굴소스, 액상 알룰로스를 넣고 당근이 유연해질 때
까지 1분 정도 볶아줍니다.

2 당근이 잘 볶아졌으면 부추를 넣고 서너 번 휘적인 뒤,
불을 끄고 넓게 펴서 수분을 날려줍니다.

3 팬에 계란프라이 2개를 완숙으로 만든 후 꺼내줍니다.

4 모든 준비가 끝났으면 밥에 참깨, 소금, 참기름을 넣고
잘 비벼줍니다.

5 김 위에 밥을 골고루 편 뒤, 가위로 길게 2등분해 줍
니다.

6 넓게 펼친 맛살 위에 **5**번에서 만든 김밥 1줄을 겹쳐 올
린 후, 김 부분을 손으로 꾹꾹 눌러 잘 붙을 수 있게 해
줍니다.

↘ 꿀팁 | 끝 부분을 치즈로 붙여도 좋아요

7 **6**번 위에 계란프라이, 당근, 부추, 단무지를 올리고 돌
돌 말아줍니다. 나머지 재료도 같은 방식으로 말아서
김밥을 완성합니다.

20 명절 전 김밥

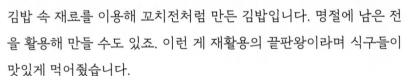

김밥 속 재료를 이용해 꼬치전처럼 만든 김밥입니다. 명절에 남은 전을 활용해 만들 수도 있죠. 이런 게 재활용의 끝판왕이라며 식구들이 맛있게 먹어줬습니다.

재료

김밥 2줄,
1~2인분 양입니다.

맛살 1줄
오이 ¼개
어묵 1장
계란 3개
김 3장
밥 200g
단무지 2줄
식용유

양념

맛소금 ½티스푼
소금 2꼬집
참깨, 참기름 기호별

레시피

○ 맛살은 두께를 반으로 잘라줍니다.
○ 오이는 맛살 길이에 맞게 자른 뒤, 두께를 반으로 갈라서
  소금 1꼬집에 절여줍니다. 다 절인 오이는 꽉 짜둡니다.
○ 어묵은 끓는 물에 데친 후 채 썰어둡니다.
○ 계란은 소금 1꼬집을 넣고 잘 풀어둡니다.

1 불을 약불로 켜고 넓은 팬에 식용유를 두른 다음, 계란
물을 붓고 맛살, 오이, 어묵, 단무지 순으로 차례대로
놓아줍니다. 그 위에 계란물을 조금 뿌려 재료가 계란
과 잘 붙어 익을 수 있게 합니다.

2 밑면이 익으면 뒤집어서 윗면도 익혀줍니다.

3 양면이 다 익으면 꺼내서 식히고, 다 식으면 맛살, 오
이, 어묵, 단무지 한 세트씩 잘라줍니다.

↘ 꿀팁 | 속 재료를 김밥에 싸지 않고 그냥 전처럼 먹어도 맛있습니다.

4 밥에 맛소금, 참깨, 참기름을 넣고 잘 섞은 다음, 2등
분해 줍니다.

5 등분한 밥을 김 위에 올려 편 뒤, 위에 김 ½장을 붙이
고 만들어 놓은 속 재료를 한 세트 올린 후 돌돌 말아
줍니다. 나머지 재료도 같은 방식으로 말아서 김밥을
완성합니다.

21 스팸 품은 계란 김밥

스팸을 계란에 말아 만든 김밥입니다. 도시락 반찬으로 싸던 재료들을 김밥 속에 넣어 재탄생시켰죠. 익숙하고 뻔한 맛이 그리울 때면 만들어 먹는 김밥입니다.

재료

김밥 6줄,
2인분 양입니다.

스팸 200g
계란 4개
청양고추 4개
단무지 3줄
김 2장
밥 200g
식용유

양념

소금 1꼬집
맛소금 ½티스푼
참깨, 참기름 기호별

레시피

준비하기

- ○ 계란은 잘 풀어둡니다.
- ○ 청양고추와 단무지는 총총 썰어줍니다.
- ○ 스팸은 적당한 두께로 6조각 잘라 끓는 물에 데쳐둡니다.

1 볼에 계란, 청양고추, 소금을 넣고 잘 섞어줍니다.

2 불을 약불로 켜고 큰 팬에 식용유를 두른 뒤, 계란물을 스팸 둘레에 맞춰 넓게 펼쳐줍니다.

3 2번 위에 스팸 1조각을 올리고 계란말이 하듯이 돌돌 말아줍니다. 나머지 재료도 같은 방식으로 준비합니다.

4 밥에 단무지, 맛소금, 참깨, 참기름을 넣고 비빈 다음, 2등분해 줍니다.

5 김 1장 위에 등분한 밥 한 덩이를 올려 고르게 편 뒤, 가위로 길게 3등분해 줍니다.

6 5번 위에 3번을 가운데 두고 말아줍니다. 나머지 재료도 같은 방식으로 말아서 김밥을 완성합니다.

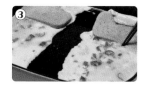

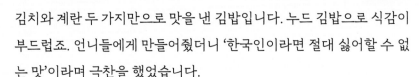

김치와 계란 두 가지만으로 맛을 낸 김밥입니다. 누드 김밥으로 식감이 부드럽죠. 언니들에게 만들어줬더니 '한국인이라면 절대 싫어할 수 없는 맛'이라며 극찬을 했었습니다.

재료

김밥 2줄,
2인분 양입니다.

김치 200g
계란 4개
김 2장
밥 200g
식용유

양념

소금 1꼬집
맛소금 ½티스푼
참깨, 참기름 기호별

레시피

○ 김치는 국물을 꽉 짜서 준비합니다.
○ 계란은 소금 1꼬집을 넣고 잘 풀어둡니다.

1   김치를 식용유에 볶아줍니다.

2   불을 약불로 켜고 팬에 식용유를 두른 뒤, 계란물 절반을 부어줍니다. 그 위로 김치를 올리고 계란말이 하듯이 돌돌 말아줍니다. 나머지 재료도 같은 방식으로 준비합니다.

3   밥에 맛소금, 참깨, 참기름을 넣고 비빈 다음, 2등분해 줍니다.

4   김 1장 위에 등분한 밥을 골고루 편 뒤, 밥이 김에 밀착되도록 손바닥으로 꾹꾹 눌러줍니다.

5   김이 위로 오도록 김밥을 뒤집은 다음, 속 재료를 올린 후 돌돌 말아줍니다. 같은 방식으로 총 2줄의 김밥을 만듭니다.

6   잘 말렸으면 먹기 좋은 크기로 썰어 완성해 주세요.

CHAPTER 03

〰〰〰〰〰〰〰〰〰

불 없이
만드는
김밥 레시피

1 아이스 트레이 김밥

집에 있는 아이스 트레이를 이용해 간단히 만드는 김밥입니다. 아이스 트레이에 재료를 넣기만 하면 되니 만들기도 쉽죠. 5분 만에 도시락을 싸 출근시켰던 기억이 있는 김밥입니다.

재료

1인분 양입니다.

김밥햄 2줄
맛살 1줄
단무지 2줄
부추 약간
조미김 2봉지
밥 200g

양념

맛소금 ½티스푼
참깨, 참기름 기호별

레시피

준비하기

○ 김밥햄은 뜨거운 물에 데쳐주세요.
○ 데친 김밥햄과 맛살, 단무지는 다져주세요. 다지기를 사용하셔도 좋습니다. 부추는 다지면 풋내가 날 수 있으니 총총 썰어주세요.

1 큰 볼에 밥을 넣고 맛소금, 참깨, 참기름, 다져놓은 재료(김밥햄, 맛살, 단무지, 부추)를 넣어 잘 비벼줍니다.

2 아이스 트레이에 조미김을 부셔서 골고루 뿌려 넣어줍니다.
　↘ 꿀팁 | 시판되고 있는 김가루를 사용하셔도 좋아요.

3 2번 위에 비벼둔 밥을 전부 올리고, 손으로 꾹꾹 눌러 아이스 트레이에 담아줍니다.

4 3번 위에 조미김을 뿌린 뒤 손바닥으로 꾹꾹 눌러서 밥과 붙여줍니다.

5 시간이 조금 지나면 김이 밥에 착 붙습니다. 이때 아이스 트레이를 접시에 대고 뒤집어서 김밥을 빼면 완성입니다.

어묵에 소스를 발라 돌돌 만 김밥입니다. 어묵 1장이 통째로 들어가 쫄깃한 식감이 최고죠. 냉동실에서 자리만 차지하던 어묵을 이용해 맛있게 만들어보세요.

재료

김밥 2줄,
1~2인분 양입니다.

어묵 2장
밥 130g
김 1장
깻잎 4장
단무지 2줄

양념

고추장 2스푼(깎아서)
스리라차 소스 ½스푼
마요네즈 ½스푼
액상 알룰로스 1스푼
간장 ½스푼
맛소금 ½티스푼
참깨, 참기름 기호별

레시피

준비하기

○ 어묵 2장을 뜨거운 물에 담아 앞뒤로 뒤적거린 뒤, 바로 건져내 키친타월로 물기를 닦아주세요.

1 작은 볼에 고추장, 스리라차 소스, 마요네즈, 액상 알룰로스, 간장을 넣고 잘 섞어서 소스를 만듭니다.

2 밥에 참깨, 참기름, 맛소금을 넣어서 잘 비빈 다음, 김 위에 고르게 편 후 가위로 길게 2등분해 줍니다.

3 등분한 김밥 위에 데친 어묵을 1장 올리고, 붓에 소스를 묻혀서 어묵 전체에 대충 발라줍니다.

4 양념을 바른 어묵 위에 깻잎을 펼쳐서 깔고, 단무지를 올려주세요.

5 우선 어묵부터 돌돌 말아 동그란 속을 만든 다음, 김밥과 함께 다시 말아줍니다. 나머지 재료도 같은 방식으로 말아 김밥을 완성합니다.

> 꿀팁 ㅣ 한입 크기로 썰어 먹어도 맛있지만, 통으로 집어 먹어도 아주 별미랍니다.

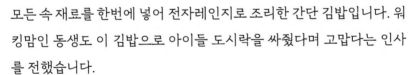

모든 속 재료를 한번에 넣어 전자레인지로 조리한 간단 김밥입니다. 워킹맘인 동생도 이 김밥으로 아이들 도시락을 싸줬다며 고맙다는 인사를 전했습니다.

재료

김밥 2줄,
1~2인분 양입니다.

맛살 2줄
김밥햄 2줄
당근 약간
밥 200g
대파 약간(초록 부분)
다진 마늘 1스푼
계란 1개
조미김 1봉지
김 2장
단무지 2줄

양념

맛술 1스푼
액상 알룰로스 1스푼
굴소스 1스푼
참깨, 참기름 기호별

레시피

준비하기

○ 맛살, 김밥햄, 당근, 대파는 총총 썰어주세요. 다지기를
사용하셔도 좋아요.

1 전자레인지 사용이 가능한 용기에 밥을 담고, 당근, 맛
살, 김밥햄, 대파, 다진 마늘, 계란, 맛술, 액상 알룰로
스, 굴소스를 넣어줍니다.

2 계란을 터트려서 살짝 풀어준 후 전자레인지에 약 4분
간 돌려주세요.
↘ 꿀팁 | 계란을 터트리지 않으면 전자레인지에 돌리다 터질 수 있습
니다.

3 재료가 익으면 위에 참깨, 참기름, 조미김을 부셔 넣고
김밥 재료와 잘 어우러지도록 섞어줍니다.
↘ 꿀팁 | 집에서 간단히 먹을 거면 이대로 먹어도 맛있어요.

4 섞은 밥을 2등분으로 나눠줍니다. 등분한 밥을 김 1장
위에 편 다음, 단무지 1줄 넣고 돌돌 맙니다. 나머지 재
료도 같은 방식으로 말아서 김밥을 완성합니다.
↘ 꿀팁 | 주먹밥이나 비빔밥 등 다양한 형태로 활용해도 좋습니다.

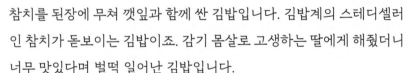

참치를 된장에 무쳐 깻잎과 함께 싼 김밥입니다. 김밥계의 스테디셀러인 참치가 돋보이는 김밥이죠. 감기 몸살로 고생하는 딸에게 해줬더니 너무 맛있다며 벌떡 일어난 김밥입니다.

재료

김밥 8줄,
1인분 양입니다.

고추 2개
깻잎 2장
단무지 2줄
참치 90g
밥 200g
김 2장
다진 마늘 1스푼

양념

고추장 1티스푼
된장 1티스푼
마요네즈 ½스푼
액상 알룰로스 ½스푼
고춧가루 ½스푼
맛소금 ½티스푼
참깨, 참기름, 후추 기호별

레시피

준비하기

○ 고추와 깻잎은 다져주시고, 단무지는 길이와 두께를 반으로 썰어주세요.

1 큰 볼에 고추, 깻잎, 고추장, 된장, 마요네즈, 액상 알룰로스, 고춧가루, 다진 마늘, 참깨, 후추, 참기름을 넣고 잘 섞어 소스를 만듭니다.

2 참치는 채반에 넣고 꾹꾹 눌러 기름을 제거한 후, 만들어둔 소스에 넣고 같이 버무려 줍니다.

3 밥에 참깨, 참기름, 맛소금을 넣고 잘 버무린 뒤, 2등분해 줍니다.

4 등분한 밥을 김 1장 위에 가운데에만 펴고, 가위로 4등분해 줍니다.

5 등분한 김밥 위에 잘 버무린 참치를 한 줄로 펼쳐놓은 뒤, 단무지를 올리고 돌돌 맙니다. 나머지 재료도 같은 방식으로 말아서 김밥을 완성합니다.

간장 어묵말이 김밥

맛있는 소스로 비빈 밥과 어묵이 어우러진 정말 맛있는 김밥입니다. 어묵과 단무지로 만들어서 재료 준비도 쉽죠. 반찬 만들기 귀찮을 때 간편하게 해 먹을 수 있습니다.

재료

김밥 4줄,
2인분 양입니다.

어묵 4장
고추 2개
밥 230g
김 2장
단무지 4줄

양념

맛술 1스푼
액상 알룰로스 3스푼
간장 3스푼
스리라차 소스 2스푼
케첩 2스푼
참깨, 참기름 기호별

레시피

준비하기

○ 어묵은 뜨거운 물을 부어 앞뒤로 뒤적거린 후 바로 건져 내, 키친타월로 물기를 닦아줍니다.

○ 고추는 총총 썰어놓습니다.

○ 작은 볼에 스리라차 소스, 케첩, 액상 알룰로스 2스푼, 간장 2스푼을 잘 섞어서 소스를 만들어 둡니다.

1 전자레인지 사용이 가능한 큰 볼에 고추, 맛술, 액상 알룰로스 1스푼, 간장 1스푼을 넣고 잘 섞어줍니다.

2 1번을 전자레인지에 30초 돌린 후, 밥, 참깨, 참기름 넣고 잘 섞어줍니다. 그 후 4등분해 주세요.

3 김 1장을 세로로 반을 접은 뒤, 가위로 길게 2등분해 줍니다.

4 등분한 김 위에 어묵 1장을 겹치게 놓아주세요.

5 붓을 이용해 만들어놓은 소스를 어묵 전체에 발라줍니다.

6 어묵 위에 등분한 밥을 대충 편 후, 단무지를 놓고 돌돌 맙니다. 나머지 재료도 같은 방식으로 말아서 김밥을 완성합니다.

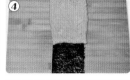

새송이버섯과 콩나물을 넣고 양념장에 비벼 만든 김밥입니다. 친숙한 맛과 재료들이 과식을 부르기도 하죠. 일이 바빠 밥도 못 먹는 딸을 위해 책상에서도 쉽게 먹을 수 있도록 가위로 숭덩숭덩 잘라 가져다줬더니 딸의 열렬한 사랑을 받을 수 있었답니다.

재료

김밥 2줄,
1~2인분 양입니다.

깻잎 5장
밥 200g
새송이버섯 1개
콩나물 한 줌
김 2장

양념

마요네즈 ½스푼
스리라차 소스 ½스푼
액상 알룰로스 ½스푼
고추장 2스푼
참깨, 참기름 기호별

레시피

○ 깻잎은 채 썰어줍니다.
○ 새송이버섯은 손으로 대충 찢어 놓습니다.

────────────────────────────────────

1 전자레인지 사용이 가능한 용기에 밥, 새송이버섯, 콩
나물을 차례로 올린 후, 뚜껑을 덮거나 혹은 구멍 낸
랩을 씌워 약 5분간 전자레인지에 돌려줍니다.

꿀팁 | 콩나물과 새송이버섯이 익으면서 나오는 채수로 인해 밥에
감칠맛이 배어들어요.

2 야채가 유연하게 익으면 마요네즈, 스리라차 소스, 액
상 알룰로스, 고추장, 채 썰어 둔 깻잎, 참기름, 참깨를
넣고 비빈 다음, 2등분해 줍니다.

꿀팁 | 뚜껑은 재료가 다 익은 후에 열어줘야 콩나물 비린내가 나지
않아요.

3 김 1장 위에 등분한 밥을 올린 뒤 숟가락으로 밥을 펴
말아줍니다. 나머지 재료도 같은 방식으로 말아서 김
밥을 만듭니다.

꿀팁 | 김은 작은 조미김으로 말아줘도 좋고, 원하는 모양으로 말아
줘도 좋아요.

4 가위로 대충 잘라 접시에 담아내면 완성입니다.

김밥 재료와 밥이 찰싹 붙어 있어 먹기 편한 김밥입니다. 전자레인지 사용이 가능한 용기에 재료를 차례로 올리기만 하면 완성되는 김밥이죠. 맛있는 김밥을 불 사용 없이 만들었다며 지인들에게 극찬을 받았답니다.

재료

김밥 4줄,
2인분 양입니다.

맛살 2줄
오이 ½개
밥 200g
김 1장
김밥햄 4줄
단무지 4줄
계란 4개
식용유

양념

올리고당 1스푼
식초 1스푼
소금 1티스푼, 2꼬집
참기름 1스푼
맛소금 1티스푼
맛술 1스푼
참깨 기호별

레시피

 준비하기

○ 맛살은 두께를 반으로 잘라줍니다.

○ 오이는 맛살 길이에 맞춰 자른 후 길게 4등분해 주세요. 거기에 올리고당, 식초, 소금 1티스푼을 넣고 절여줍니다.

　↘ 꿀팁 | 오이의 수분은 김을 눅눅하게 할 수 있으니, 절인 후 물기를 꽉 짜서 사용하세요.

○ 계란은 맛술, 소금 2꼬집을 넣고 잘 풀어둡니다.

1 밥에 참깨, 참기름, 맛소금을 넣고 잘 비벼줍니다.

2 김 전체에 밥을 고르게 펼치고, 손바닥으로 꾹꾹 눌러 밥이 김에 잘 붙도록 해줍니다.

3 전자레인지 사용이 가능한 그릇에 식용유를 골고루 바르고, 밥이 위로 오도록 김밥을 놓아줍니다.

　↘ 꿀팁 | 여러 번 볶고 구울 걸 기름칠 한 번으로 끝나서 기름 사용이 줄어요.

4 밥 위에 김밥햄, 맛살, 절인 오이, 단무지 순으로 반복하여 올려놓습니다. 맛살, 오이는 색이 예쁜 쪽을 위로 가게 놓아줍니다.

5 풀어놓은 계란물을 4번 위에 전체적으로 골고루 부어주고 전자레인지에 약 10분 정도 돌립니다.

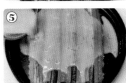

6 계란이 충분히 익으면 식혀줍니다.

　↘ 꿀팁 | 전자레인지에 익혀도 김, 단무지, 오이의 식감과 맛에 문제가 없어요. 오히려 단무지와 오이가 익으면서 감칠맛이 짙어지고 김밥이 맛있어진답니다.

7 계란이 전부 식으면 먹기 적당한 크기로 잘라 드시면 됩니다.

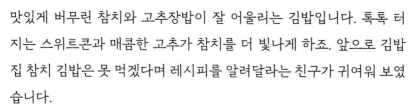

맛있게 버무린 참치와 고추장밥이 잘 어울리는 김밥입니다. 톡톡 터
지는 스위트콘과 매콤한 고추가 참치를 더 빛나게 하죠. 앞으로 김밥
집 참치 김밥은 못 먹겠다며 레시피를 알려달라는 친구가 귀여워 보였
습니다.

124

재료

김밥 4줄,
2인분 양입니다.

양파 ½개
고추 2개
참치 200g
스위트콘 5스푼
밥 200g
김 2장
상추 4장
깻잎 4장

양념

마요네즈 5스푼
고추장 1스푼
케첩 1스푼
참기름 1스푼
참깨, 후추 기호별

레시피

 준비하기

○ 양파는 다져주세요.
○ 고추는 총총 썰어 준비합니다.
○ 참치는 체에 밭쳐 꾹꾹 눌러가며 기름을 제거해 줍니다.

1 준비한 참치에 스위트콘, 양파, 고추, 마요네즈, 후추를 넣고 섞어 참치마요콘을 만들어줍니다.

↘ 꿀팁 | 스위트콘의 수분은 김을 눅눅하게 할 수 있으니 물기 없이 사용해 주세요.

2 밥에 참기름, 고추장, 케첩, 참깨를 넣고 비빈 뒤 2등분해 줍니다.

3 등분한 밥을 김 위에 고르게 펴고 가위로 길게 2등분해 줍니다.

4 등분한 김밥 위에 상추 1장, 깻잎 1장을 올리고 참치마요콘을 듬뿍 올려줍니다.

5 상추 이파리로 먼저 참치마요콘을 감싼 다음, 김밥을 말아주세요. 나머지 재료도 같은 방식으로 말아서 김밥을 만듭니다.

6 적당한 크기로 썰어 드시면 됩니다.

9 | 양배추 쌈장 김밥

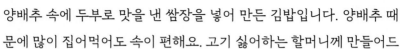

양배추 속에 두부로 맛을 낸 쌈장을 넣어 만든 김밥입니다. 양배추 때문에 많이 집어먹어도 속이 편해요. 고기 싫어하는 할머니께 만들어드렸더니 가끔 해달라며 웃어주셨습니다.

재료

김밥 8개,
1인분 양입니다.

양배추 200g
두부 70g
고추 2개
밥 200g
김 2장
다진 마늘 1스푼

양념

된장 1스푼(수북이)
고추장 1스푼
조청(물엿) 1스푼
참기름 2스푼
고춧가루 1스푼
참깨 기호별

레시피

 준비하기

○ 전자레인지 사용이 가능한 용기에 양배추를 넣고 유연해 질 때까지 약 8분간 쪄줍니다. 다 찐 양배추는 뚜껑을 열 어 수분을 날린 다음, 식혀서 준비해 주세요. 수분이 많은 경우 키친타월로 닦아주시면 됩니다.

○ 고추는 총총 썰어 준비합니다.

○ 두부는 물기를 꽉 짠 뒤, 주걱을 사용해 으깨줍니다.

↘ 꿀팁 | 두부의 수분은 김을 눅눅하게 할 수 있으니 물기를 꽉 짜주세요.

1 으깬 두부에 된장, 고추장, 조청(물엿), 다진 마늘, 참기름 1스푼, 참깨, 고춧가루, 고추를 넣고 섞어줍니다.

2 밥에 참기름 1스푼, 참깨를 넣고 잘 비빈 다음, 2등분 해 주세요.

3 등분한 밥을 김의 가운데에 펴고, 가위로 가로세로 4등 분해 줍니다.

4 등분한 김밥 위에 양배추 1장을 깔고 그 위로 속 재료 를 놓아주세요.

↘ 꿀팁 | 양배추는 김에 닿지 않게 올려주세요.

5 양배추로 먼저 속 재료를 감싼 다음, 김밥을 돌돌 맙니 다. 나머지 재료도 같은 방식으로 말아서 김밥을 완성 합니다.

CHAPTER 04

찬밥으로
만드는
김밥 레시피

1 | 스팸 두른 김밥

으깬 스팸을 계란과 말아 만든 김밥입니다. 스팸과 계란의 만남이 환상적이죠. 대청소 끝나고 먹었더니 보상받는 느낌이었습니다.

재료

김밥 2줄,
2인분 양입니다.

스팸 110g
계란 4개
고추 2개
조미김 1봉지
단무지 2줄
밥 200g
식용유

양념

맛소금 ½티스푼
참깨, 참기름, 후추 기호별

레시피

준비하기

○ 스팸은 데친 다음 비닐봉투에 넣고 손으로 주물러 대충 으깨놓습니다.
○ 계란은 잘 풀어둡니다.
○ 고추는 총총 썰고, 단무지는 팬 길이에 맞게 잘라둡니다.

1 계란물에 스팸, 고추, 후추, 참깨를 넣고 잘 섞어줍니다.

2 밥에 맛소금, 참깨, 참기름, 조미김을 찢어서 넣고 비빈 다음, 2등분해 줍니다.

3 등분한 밥에 단무지 1줄씩 넣어 긴 주먹밥 2줄을 만듭니다.

4 불을 약불로 켜고 계란말이용 팬에 식용유를 두른 뒤, 섞어둔 스팸계란을 절반 정도 부어 팬에 골고루 펴줍니다.

5 4번 위에 만들어둔 주먹밥을 올리고, 꾹꾹 눌러 계란과 밥이 붙을 수 있게 해줍니다.

6 밥과 계란이 붙으면 계란말이 하듯이 돌돌 말아줍니다.

7 계란이 단단해질 때까지 익힌 다음, 나머지 주먹밥도 같은 방식으로 준비해 주세요. 계란을 식힌 후 썰어 드시면 됩니다.

밥에 간장을 발라 구운 뒤, 치즈 넣고 쌓아 만든 김밥입니다. 재료 손질도 귀찮은 날 만들기 제격이죠. 식구들 야식으로 만들어주니 '이것이 진정 파인 다이닝'이라며 엄지를 치켜세웠습니다.

재료

김밥 2줄,
2인분 양입니다.

밥 200g
계란 4개
고추 4개
치즈 2½장
김 1장
식용유 2스푼

양념

맛소금 ½티스푼
간장 1스푼
참깨, 참기름 기호별

레시피

준비하기

○ 고추는 총총 썰어 준비합니다.
○ 치즈 2장을 2등분, 반장을 2등분해 놓습니다. 껍질을 벗기지 않고 칼등으로 나누면 편합니다.

1   밥에 참깨, 맛소금, 참기름을 넣고 잘 비빈 다음, 2등분해 둡니다.

2   불을 약불로 켜고 계란말이용 팬 바닥과 벽에 전체적으로 식용유를 펴 바릅니다.

3   간장을 계란말이용 팬에 고루 둘러줍니다.

4   등분한 밥 한 덩이를 팬 전체에 골고루 펼쳐줍니다.

5   밥이 노릇노릇하게 구워지면 위에 계란 2개를 깨트려 밥 전체에 고르게 펴주고, 그 위로 총총 썬 고추를 뿌려줍니다.

6   밑면이 노릇노릇하게 익으면 뒤집은 후, 뒤집개로 3등분해 줍니다.

7   등분한 밥 위에 치즈 ½장을 올리고, 위에 밥→치즈→밥 순서로 쌓아 올려줍니다.
     ↘ 꿀팁 | 치즈가 녹으면서 재료가 서로 단단하게 붙게 됩니다.

8   김을 가위로 길게 자른 뒤 김의 끝부분에 치즈 ¼장을 붙여줍니다.
     ↘ 꿀팁 | 김의 끝부분은 치즈로 붙여주면 고정력이 좋고 맛도 좋아요.

9   밥이 식으면 김 가운데 놓고 돌돌 말아줍니다. 나머지 재료도 같은 방식으로 준비해서 김밥을 완성합니다.

10 적당한 크기로 썰어 드시면 됩니다.

3 에그 베이컨말이 김밥

겉을 베이컨으로 만 김밥입니다. 한두 개만 집어 먹어도 속이 든든해지
죠. 일 다녀온 딸에게 만들어주니 엄지척이 나왔습니다.

재료

김밥 2줄,
2인분 양입니다.

베이컨 6줄
계란 2개
단무지 2줄
고추 2개
부추 약간
조미김 1봉지
밥 200g

양념

소금 1꼬집
참깨, 참기름 기호별

레시피

〰️ （준비하기）

○ 단무지, 고추, 부추를 총총 썰어둡니다.

〰️

1 큰 볼에 밥, 단무지, 고추, 부추, 조미김, 소금, 참깨, 참기름을 넣고 비빈 다음, 2등분해 줍니다.

2 불을 약불로 켜고, 계란말이용 팬에 베이컨 3줄을 올려 앞뒤로 구운 뒤, 계란 1개를 깨서 전체에 고르게 펴 줍니다.

3 **2**번 위에 등분한 밥 한 덩이를 올린 뒤, 밥을 꾹꾹 눌러 계란과 잘 밀착해 주세요.

4 밥이 계란에 붙으면 돌돌 말아줍니다. 종이접기 하듯이 두 번 접어주면 됩니다.

5 앞, 뒤, 양면 모두 골고루 돌려가며 익혀줍니다. 나머지 재료도 같은 방식으로 준비해 김밥을 완성합니다.

6 팬에서 꺼내 식힌 후 썰어 드시면 됩니다.

4 | 통어묵 김밥

볶은 김치밥을 어묵으로 말아 만든 김밥입니다. 쫄깃하고 아삭해 계속 손이 가는 맛이죠. 어묵을 싫어하는 친구도 신기해하며 잘 먹었습니다.

재료

김밥 3줄,
2~3인분 양입니다.

어묵 3장
김치 150g
계란 3개
조미김 1봉지
밥 130g
식용유

양념

굴소스 ½스푼
액상 알룰로스 ½스푼
고추장 1티스푼
참깨, 참기름, 후추 기호별

레시피

준비하기

○ 김치는 씹는 식감이 살아 있도록 가위로 대충 잘라줍니다.
> 꿀팁 | 김치는 아삭한 줄기 부분을 사용하는 것이 맛있습니다.

○ 어묵은 데쳐둡니다.

1 계란말이용 팬에 김치, 식용유, 굴소스, 액상 알룰로스, 고추장을 넣고, 불을 켜준 뒤 1분 정도 볶아줍니다.

2 불을 끄고 밥, 조미김, 후추, 참깨, 참기름을 넣고 비빈 다음, 3등분해 주세요.
> 꿀팁 | '김치가 많아서 짠 거 아니야?'라고 생각하셨다면 맞게 하고 계신 겁니다. 간은 어묵과 계란을 넣으면 적당해져요.

3 계란말이용 팬 전체에 식용유를 발라준 뒤, 어묵 1장을 놓고 그 위로 계란 1개를 깨트려 전체에 고르게 펴줍니다.

4 위에 나눠둔 밥 한 덩이를 올리고, 어묵을 계란말이 하듯 두 번 접은 뒤 굴려가며 익혀줍니다. 나머지 재료도 같은 방식으로 준비해 김밥을 완성합니다.

5 식힌 뒤 썰어 드시면 됩니다.

5 깻잎 맛살말이 김밥

깻잎과 맛살로 맛을 낸 김밥입니다. 냉동실에 얼려둔 맛살도 주인공
이 되죠. 노릇하게 구워진 맛살 향기에 다이어트가 작심삼일이 되었
습니다.

재료

김밥 2줄,
1~2인분 양입니다.

맛살 3줄
고추 2개
계란 4개
부추 약간
단무지 2줄
김 2장
깻잎 4장
밥 200g
식용유

양념

맛술 1스푼
소금 2꼬집
맛소금 ½티스푼
참깨, 참기름 기호별

레시피

준비하기

○ 고추와 부추는 총총 썹니다.
○ 맛살은 길이를 3등분한 뒤 손으로 찢어줍니다.
○ 계란은 잘 풀어둡니다.

1 풀어둔 계란에 고추, 맛살, 부추, 맛술, 소금, 참깨를 넣고 잘 섞어줍니다.

2 밥에 참깨, 맛소금, 참기름을 넣고 비빈 다음, 2등분해 줍니다.

3 김 1장 위에 등분한 밥을 올려 펴준 뒤, 단무지 1줄을 넣고 돌돌 말아줍니다. 같은 방식으로 김밥을 1줄 더 맙니다.

4 불을 켜고 계란말이용 팬에 식용유를 두른 후, 1번을 팬 전체에 적당량 부어줍니다. 맛살은 고르게 배치하고 그 위로 깻잎 2장을 올린 뒤 계란물로 덮어주세요(반죽→깻 잎→반죽).

5 팬 한쪽 끝에 김밥을 올리고, 김밥을 꾹 눌러 계란에 붙인 뒤 돌돌 말아줍니다.

  ↘ 꿀팁 | 김밥은 팬 길이에 맞게 잘라서 사용했어요. 남은 김밥은 붙여
    서 사용하시면 됩니다.

6 계란이 잘 익으면 팬에서 꺼내주세요. 나머지 김밥 1줄 도 같은 방식으로 준비합니다. 충분히 식힌 후 썰어 드 시면 됩니다.

구운 김치를 밥에 만 김밥입니다. 감칠맛이 배어들어 깊은 맛이 나죠.
배달 음식 시키려다 만들어주니 '역시 집밥이 최고'라며 식구들이 손
하트를 날려줬습니다.

재료

김밥 2줄,
2인분 양입니다.

김치 이파리 4장(작은거)
계란 4개
부추 약간
밥 130g
식용유

양념

참치액 1스푼
액상 알룰로스 ½스푼
참깨, 참기름, 후추 기호별

레시피

○   김치 이파리는 씻지 말고 그대로 국물을 꽉 짜둡니다.

1   볼에 밥, 계란을 넣고 부추는 가위로 썰어 넣은 뒤, 참치액, 액상 알룰로스, 후추, 참깨를 넣고 섞어줍니다.

2   불을 약불로 켜고, 계란말이용 팬 전체에 식용유를 두른 뒤 팬이 덮일 정도로 김치 이파리 2장을 깔아줍니다.
     ↘ 꿀팁 | 이파리가 크다면 1장만 깔아줘도 됩니다.

3   김치 위에 1번을 절반을 펴줍니다.

4   계란말이 하듯이 김치를 접어가며 돌돌 말아주세요.

5   김치를 굴리면서 전체적으로 속까지 익혀줍니다. 나머지 재료도 같은 방식으로 말아서 김밥을 만듭니다.

6   겉이 단단해지면 꺼내서 식힌 뒤 썰어 드시면 됩니다.

조미김 박스에 무스비처럼 모양낸 스팸밥을 계란지단에 말아서 완성한 김밥입니다. 솜씨가 없어도 만들기 쉽죠. 출근할 때 만들어 먹고 갔더니 속이 든든하고 좋았습니다.

재료

김밥 4개,
2인분 양입니다.

스팸 150g
단무지 2줄
계란 4개
조미김 1봉지
고추 2개
밥 230g
식용유

양념

맛소금 ½티스푼
맛술 1스푼
소금 1꼬집
참깨, 참기름, 후추 기호별

레시피

준비하기

○ 스팸은 두께가 대략 8mm정도 되도록 4조각으로 썰어 끓는 물에 데쳐둡니다.

○ 단무지와 고추는 총총 썰어둡니다.

1 밥에 단무지, 맛소금, 참깨, 참기름, 조미김을 넣고 섞은 다음, 8등분해 줍니다.

2 등분한 밥 한 덩이를 조미김 박스에 고르게 펴고, 그 위에 스팸을 올린 후 다시 밥을 올려 덮어줍니다(밥→스팸→밥).

3 볼에 계란, 소금, 고추, 맛술, 후추를 넣고 잘 섞어줍니다.

4 불을 켜고 계란말이용 팬에 식용유를 두른 뒤, 3번을 적당량 부은 다음, 가운데에 2번을 올려 돌돌 말아줍니다. 나머지 재료도 같은 방식으로 준비해 김밥을 완성합니다.

5 김밥이 충분히 식으면 썰어 드시면 됩니다.

8 | 맛살구이 김밥

밥을 맛살에 말아 구워 만든 김밥입니다. 사랑하는 사람에게 만들어주고 싶은 맛이죠. 집들이 음식으로 내놓았더니 '대접 잘 받고 간다'며 만족했었습니다.

재료

김밥 2줄,
1~2인분 양입니다.

맛살 4줄
계란 4개
고추 2개
조미김 1봉지
단무지 2줄
밥 130g
식용유

양념

소금 1꼬집
참깨, 참기름 기호별

레시피

 (준비하기)

○ 맛살은 돌려가며 꾹꾹 눌러 뭉친 결을 풀어서 넓게 펼쳐 줍니다.

○ 고추는 총총 썰고, 단무지는 계란말이용 팬 크기에 맞게 썰어둡니다.

1 밥에 참깨, 참기름, 소금, 조미김을 넣고 잘 비빈 다음, 2등분해 줍니다.

2 등분한 밥 한 덩이 속에 단무지 1줄을 넣고 길쭉한 주먹밥 형태로 만들어줍니다. 같은 방식으로 주먹밥 1개를 더 만듭니다.

3 불을 켠 뒤 계란말이용 팬에 기름을 두르고 맛살 2개를 분홍빛이 있는 면이 밑으로 가게 놓아줍니다.

   꿀팁 | 맛살을 펴서 구우면 맛과 풍미가 훨씬 좋아집니다.

4 맛살 위에 계란 2개를 깨트린 후, 팬에 전체적으로 펴줍니다.

5 밥을 팬의 끝에 놓은 뒤 꾹꾹 눌러서 계란과 밥을 붙여주세요.

6 계란 위에 고추 1개를 솔솔 뿌려줍니다.

7 계란과 밥이 서로 붙으면 돌돌 말고, 굴려가며 속까지 익혀줍니다. 나머지 재료도 같은 방식으로 준비해 김밥을 완성합니다.

8 충분히 식으면 썰어 드시면 됩니다.

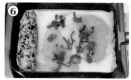

9 | 간장 스팸말이 김밥

으깬 스팸을 간장에 조린 뒤 계란으로 말아 만든 김밥입니다. 재료가 간단해서 자주 만들죠. 공부하고 온 조카에게 만들어주니 아무리 먹어도 질리지 않는다며 너스레를 떨었습니다.

재료

김밥 2개,
2인분 양입니다.

스팸 150g
고추 2개
조미김 1봉지
계란 4개
밥 200g
식용유

양념

물 ½스푼
간장 ½스푼
액상 알룰로스 ½스푼

레시피

 준비하기

○ 스팸은 데친 후 비닐봉투에 넣어 손으로 으깨 줍니다. (도마에 놓고 칼등으로 으깨도 됩니다.)
○ 고추는 총총 썰어둡니다.
○ 계란은 잘 풀어둡니다.

1 불을 켠 뒤 궁중팬에 스팸, 고추, 식용유를 넣고 볶다가 물, 간장, 액상 알룰로스를 넣고 양념이 배일 때까지 볶아줍니다.

2 잘 볶아졌으면 밥과 조미김을 넣고 섞은 다음, 2등분해 줍니다.

3 식용유를 두른 계란말이용 팬에 풀어둔 계란 절반을 부은 다음, 등분한 밥 한 덩이를 올려줍니다.

4 밥을 꾹꾹 눌러 계란과 붙인 뒤, 돌돌 말아주세요. 나머지 재료도 같은 방식으로 준비해 김밥을 완성합니다.

　↘ 꿀팁 | 계란을 말 때 장갑을 끼면 더 말기 쉬워요.

5 계란이 식으면 썰어 드시면 됩니다.

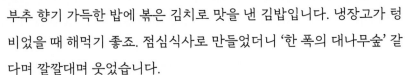

부추 향기 가득한 밥에 볶은 김치로 맛을 낸 김밥입니다. 냉장고가 텅 비었을 때 해먹기 좋죠. 점심식사로 만들었더니 '한 폭의 대나무숲' 같다며 깔깔대며 웃었습니다.

재료

김밥 2줄,
2인분 양입니다.

김치 2줄
계란 4개
부추 한 줌
김 2장
밥 200g
식용유

양념

맛술 1스푼
액상 알룰로스 1스푼
소금 ½티스푼

레시피

○ 김치는 국물을 꽉 짜서 팬에 구워둡니다.
○ 부추는 새끼손가락 길이만큼 잘라둡니다.

1 큰 볼에 밥, 계란, 맛술, 액상 알룰로스, 소금을 넣고 섞어줍니다.

2 불을 약불로 켜고 팬에 식용유를 두른 뒤, 부추를 팬 전체에 뿌려줍니다.

3 **2**번 위에 반죽을 적당량 올리고, 반죽 위에 김을 덮은 뒤 김치 1줄을 올려 계란말이 하듯이 돌돌 말아줍니다.

4 반죽이 단단해질 때까지 익혀줍니다. 나머지 재료도 같은 방식으로 말아서 김밥을 완성합니다.

5 팬에서 꺼내 식힌 뒤 썰어 드시면 됩니다.

 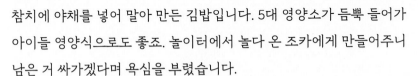

참치에 야채를 넣어 말아 만든 김밥입니다. 5대 영양소가 듬뿍 들어가 아이들 영양식으로도 좋죠. 놀이터에서 놀다 온 조카에게 만들어주니 남은 거 싸가겠다며 욕심을 부렸습니다.

재료

김밥 2줄,
2인분 양입니다.

참치 135g
청양고추 2개
양파 40g
당근 40g
부추 약간
계란 4개
단무지 2줄
김 2장
밥 200g
식용유

양념

소금 1티스푼
액상 알룰로스 ½스푼
참깨, 후추 기호별

레시피

준비하기

○ 참치는 체에 밭쳐 기름을 빼줍니다.
○ 청양고추, 양파, 당근은 다져 놓습니다. 다지기를 사용하셔도 좋습니다.
○ 부추는 총총 썰어둡니다.

1 큰 볼에 밥, 참치, 고추, 양파, 당근, 부추, 계란, 소금, 액상 알룰로스, 후추, 참깨를 넣고 섞어줍니다.

2 불을 약불로 켜고 팬에 식용유를 두른 뒤, *1*번의 절반을 부어줍니다. 밑면이 익으면 김을 올리고 위에 반죽을 약간만 덮어주세요(반죽→김→반죽 약간).
　↘ 꿀팁 | 반죽이 접착제 역할을 해줍니다.

3 *2*번 위에 단무지 1줄을 올리고 계란말이 하듯이 돌돌 말아줍니다.

4 굴려가며 속까지 익혀주세요. 나머지 재료도 같은 방식으로 준비해 김밥을 완성합니다.

5 식힌 뒤 먹기 좋은 크기로 썰어 드시면 됩니다.

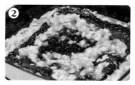

12 수제어묵말이 김밥

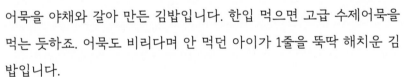

어묵을 야채와 갈아 만든 김밥입니다. 한입 먹으면 고급 수제어묵을 먹는 듯하죠. 어묵도 비리다며 안 먹던 아이가 1줄을 뚝딱 해치운 김밥입니다.

재료

김밥 2줄,
2인분 양입니다.

어묵 2장
당근 약간
고추 2개
계란 4개
단무지 2줄
김 2장
밥 200g
다진 마늘 1스푼
식용유

양념

굴소스 1스푼
액상 알룰로스 ½스푼
참깨, 참기름, 후추 기호별

레시피

1 분쇄기에 어묵, 당근, 고추, 계란, 다진 마늘, 굴소스, 후
추, 참깨, 액상 알룰로스, 참기름을 넣고 갈아줍니다.

↘ 꿀팁 | 씹는 식감이 있게끔 너무 곱지 않게 갈아주세요.

2 1번에 밥을 넣고 섞어줍니다.

3 불을 약불로 켜고 팬에 기름을 두릅니다. 반죽 절반을
부어 고르게 편 다음, 김 1장을 붙여줍니다.

4 3번 위에 단무지 1줄을 올려 돌돌 말아줍니다.

5 속까지 골고루 익도록 굴려가며 익혀줍니다. 눌렀을
때 겉이 단단하면 다 익은 겁니다. 나머지 재료도 같
은 방식으로 준비해 김밥을 완성합니다.

6 식힌 뒤 썰어 드시면 됩니다.

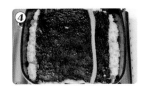

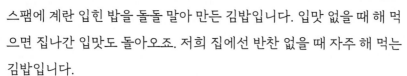

스팸에 계란 입힌 밥을 돌돌 말아 만든 김밥입니다. 입맛 없을 때 해 먹으면 집나간 입맛도 돌아오죠. 저희 집에선 반찬 없을 때 자주 해 먹는 김밥입니다.

재료

김밥 2줄,
2인분 양입니다.

스팸 150g
계란 4개
고추 2개
김 2장
밥 200g
식용유

양념

소금 1티스푼
맛술 1스푼
참깨, 후추 기호별

레시피

준비하기

○ 스팸은 적당한 두께로 4조각 썬 뒤 끓는 물에 데쳐줍니다.
○ 고추는 총총 썰어주세요.

1 큰 볼에 밥, 계란, 고추, 소금, 맛술, 후추, 참깨를 넣고 섞어줍니다.

2 스팸은 팬에 구워주세요.

3 구워진 스팸은 치우고, 불을 약불로 바꾼 뒤 팬 위에 반죽의 절반을 붓고 고르게 펴줍니다.

4 위에 김 1장을 덮고 가운데 스팸 2조각을 올려서 접듯이 말아주세요.

5 앞뒤로 굴려가며 속까지 구워줍니다. 나머지 재료도 같은 방식으로 준비해 김밥을 완성합니다.

6 팬에서 꺼내 잘 식힌 뒤, 썰어 드시면 됩니다.

어묵 라이스말이 김밥

어묵을 통째로 계란과 만 김밥입니다. 어묵이 듬뿍 들어가 호불호가 별로 없죠. 축구 경기하는 날 치킨 대신 한 자리 차지한 든든한 녀석입니다.

재료

김밥 2줄,
2인분 양입니다.

계란 4개
어묵 2장
고추 2개
조미김 1봉지
단무지 2줄
밥 200g
식용유

양념

맛술 1스푼
소금 1꼬집
참깨, 참기름, 후추 기호별

레시피

준비하기

○ 계란은 잘 풀어둡니다.

○ 고추는 총총 썰고, 단무지는 계란말이용 팬 길이에 맞게 썰어둡니다.

○ 어묵은 뜨거운 물에 짧게 데쳐줍니다.

1 계란에 고추, 맛술, 소금, 후추를 넣고 섞어줍니다.

2 밥에 참깨, 참기름, 조미김을 넣고 비빈 다음, 2등분해 줍니다.

3 등분한 밥 한 덩이 속에 단무지 1줄을 넣고 긴 주먹밥 형태로 만들어 줍니다. 같은 방식으로 주먹밥 1줄을 더 만듭니다.

4 불을 약불로 켜고 계란말이용 팬에 식용유를 두른 뒤, 계란물→어묵→계란물 순으로 덮어줍니다.

5 만들어둔 주먹밥 1개를 팬 끝에 올리고 꾹꾹 눌러서 밥과 계란을 붙여줍니다.

   ↘ 꿀팁 | 팬을 기울여 밥이 있는 쪽에 계란물을 보내주면 더 잘 붙어요.

6 주먹밥과 계란이 붙으면 말아줍니다.

7 굴려가며 속까지 익혀줍니다. 눌렀을 때 겉이 단단하면 다 익은 겁니다. 나머지 재료도 같은 방식으로 준비해 김밥을 완성합니다.

8 팬에서 꺼내 식힌 뒤, 썰어 드시면 됩니다.

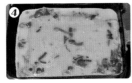

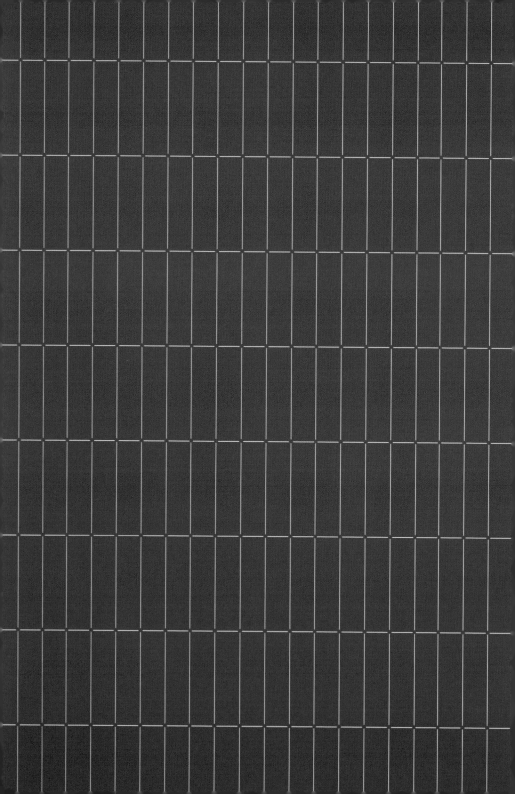

CHAPTER 05

건강한

다이어트
김밥 레시피

당근과 부추를 넣어 계란에 말아 만든 김밥입니다. 누가 뭐래도 오늘 만큼은 당근이 주연이죠. 건강과 맛을 챙기고 싶을 때 식구들에게 해주면 인기가 좋습니다.

재료

김밥 2줄,
2인분 양입니다.

당근 1개(작은거)
부추 약간
조미김 1봉지
단무지 2줄
다진 마늘 1스푼
계란 2개
밥 200g
식용유

양념

맛소금 ½티스푼
소금 1꼬집
참깨, 참기름 기호별

레시피

준비하기

○ 당근은 채 썰고, 부추는 총총 썰어줍니다.
○ 단무지는 계란말이용 팬의 길이에 맞게 잘라줍니다.

1 밥에 맛소금, 참깨, 참기름, 부추, 조미김을 넣어 잘 비
빈 다음, 2등분해 줍니다. 등분한 밥 한 덩이마다 단무
지 1줄씩 넣고 주먹밥처럼 뭉쳐줍니다.

2 불을 중약불로 켜고 계란말이용 팬에 식용유를 두른
뒤, 채 썬 당근 반 줌과 다진 마늘 ½스푼, 소금 ½꼬집
을 넣고 당근이 유연해질 때까지 볶아주세요.

3 약불로 바꾼 다음, *2*번 위에 계란 1개를 깨트린 뒤 팬
전체에 고르게 펴줍니다.

4 계란이 익기 전에 주먹밥을 올리고, 계란과 밥이 잘 붙
을 수 있도록 꾹꾹 눌러줍니다. 계란과 밥이 붙으면 돌
돌 말아줍니다. 나머지 재료도 같은 방식으로 준비해
김밥을 완성합니다.

5 계란이 식으면 썰어 드시면 됩니다.

2 | 미역
김밥

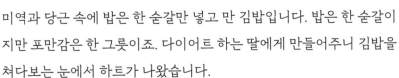

미역과 당근 속에 밥은 한 숟갈만 넣고 만 김밥입니다. 밥은 한 숟갈이지만 포만감은 한 그릇이죠. 다이어트 하는 딸에게 만들어주니 김밥을 쳐다보는 눈에서 하트가 나왔습니다.

재료

김밥 1줄,
1인분 양입니다.

미역 한 줌
당근 약간
계란 2개
김 ½장
단무지 1줄
밥 1스푼
다진 마늘 1스푼
식용유

양념

액상 알룰로스 1스푼
굴소스 1스푼

레시피

○ 미역은 깨끗이 씻어서 물기를 꽉 짜주세요.

  ↘ 꿀팁 | 미역 쉽게 불리고 보관하는 방법
  1. 미역을 통에 넣어 물을 부어줍니다.
  2. 미역을 물에 한번 푹 담가주고 바로 물을 버려주세요.
  3. 이 상태로 5분 둡니다.
  4. 이렇게 해주면 보들보들 쓰기 좋게 미역이 불어요. 원하는 만큼 덜어 쓰시고 나머지는 냉장고에 1주일간 보관하여 쓰시면 돼요.
  5. 더 장기 보관은 냉동실에 보관해 주세요.

○ 당근은 채 썰어줍니다.
○ 김은 세로로 접은 뒤 반으로 잘라줍니다.

1 불을 중약불로 켜고 식용유를 두른 계란말이용 팬에 미역, 당근, 액상 알룰로스, 굴소스, 다진 마늘을 넣어서 물기가 사라질 때까지 볶은 후, 재료가 안 뭉치도록 펴줍니다.

2 1번 위에 계란을 고르게 펴준 뒤, 약불로 앞뒤를 구워줍니다. 다 구워졌으면 앞뒤 기름기는 키친타월로 제거해 주세요.

3 김 위에 밥을 펴서, 2번과 단무지를 올리고 돌돌 말아줍니다.

  ↘ 꿀팁 | 밥 양은 원하는 대로 넣어도 좋아요.

4 계란이 식으면 썰어 드시면 됩니다.

양배추에 고추참치를 넣어 만든 김밥입니다. 건강하고 맛있는 다이어트가 없을까 생각하다 만들었죠. 닭가슴살만 먹는 동생에게 만들어주니 맛있는데 다이어트까지 된다며 행복해 했습니다.

재료

김밥 1줄,
1인분 양입니다.

양배추 한 줌
맛살 1줄
계란 2개
고추참치 90g
조미김 1장
밥 1스푼
식용유

레시피

○ 양배추는 채 썰어두고, 맛살은 길이를 3등분한 후 손으로 찢어줍니다.

○ 고추참치는 체에 밭쳐 기름을 제거해 둡니다.

1 불을 약불로 켜고 식용유를 두른 계란말이용 팬에 양배추를 고르게 편 뒤, 계란 1개를 깨트립니다.

2 1번 위에 맛살을 뿌린 뒤 그 위에 고추참치를 펴 올려줍니다. 그 다음 다시 계란 1개를 고르게 펴줍니다.

3 위에 조미김을 올리고 밥을 대충 펴주세요.

4 밑면이 어느 정도 익으면 돌돌 말아줍니다.

5 굴려가며 속까지 익혀주세요.

6 충분히 식은 뒤 썰어 드시면 됩니다.

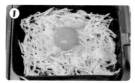

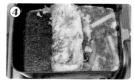

4 당근 꽃 김밥

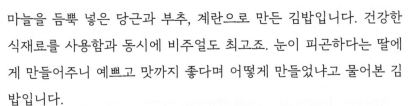

마늘을 듬뿍 넣은 당근과 부추, 계란으로 만든 김밥입니다. 건강한 식재료를 사용함과 동시에 비주얼도 최고죠. 눈이 피곤하다는 딸에게 만들어주니 예쁘고 맛까지 좋다며 어떻게 만들었냐고 물어본 김밥입니다.

재료

김밥 2줄,
2인분 양입니다.

당근 300g
계란 4개
김 2장
단무지 3줄
부추 한 줌
밥 210g
다진 마늘 2스푼
식용유

양념

맛소금 ½티스푼
소금 1꼬집과 ½티스푼
참깨, 참기름 기호별

레시피

준비하기

○ 당근은 채 썰어둡니다.
○ 계란은 소금 1꼬집을 넣고 잘 풀어둡니다.
○ 단무지는 길이와 두께를 반으로 잘라줍니다.
○ 부추는 뜨거운 물을 부어 데친 뒤 바로 건져 찬물에 씻어
둡니다.

1   풀어둔 계란으로 지단 2장을 크게 부쳐줍니다.

2   궁중팬에 불을 켜고 당근, 다진 마늘, 식용유, 소금 ½
    티스푼을 넣고 당근이 유연해질 때까지 볶아줍니다.

3   볼에 밥, 맛소금, 참깨, 참기름을 넣고 비빈 다음, 2등
    분해 줍니다.

4   김 1장 위에 등분한 밥 한 덩이를 올린 뒤 고르게 펴줍
    니다.

5   김밥 위에 지단 1장을 올리고 볶은 당근 절반을 넓게
    펴줍니다. 그 위로 단무지 절반을 골고루 놓은 다음,
    지단을 돌돌 말아주세요.

6   김밥 위에 부추를 드문드문 놓고 돌돌 맙니다. 나머지
    재료도 같은 방식으로 말아서 김밥을 완성합니다.

7   적당한 크기로 썰어 드시면 됩니다.

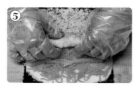

목이버섯과 채소를 넣어 만든 김밥입니다. 목이버섯의 오독오독 식감
이 재미나죠. 출출하다는 아들에게 만들어주니 이 레시피는 혼자 먹기
는 아까우니 널리 알려야 한다고 했습니다.

재료

김밥 2줄,
2인분 양입니다.

목이버섯 150g
당근 ½개
다진 마늘 1스푼(수북이)
부추 한 줌
김 3장
단무지 2줄
밥 210g
식용유

양념

굴소스 1스푼
액상 알룰로스 ½스푼
맛소금 ½티스푼
참깨, 참기름, 후추 기호별

레시피

○ 목이버섯은 물에 불렸다가 데친 후 찬물에 행궈둡니다.
○ 당근은 채 썰어둡니다.
○ 부추는 손가락 길이로 썰어둡니다.
○ 김 1장은 가로로 반을 접어 가위로 잘라둡니다.

1 팬에 식용유, 당근, 목이버섯, 굴소스, 액상 알룰로스,
다진 마늘을 넣고 불을 켠 뒤, 물기가 사라질 때까지
강불로 볶아줍니다.

↘ 꿀팁 | 강불로 볶아줘야 물이 생기지 않아요.

2 불을 끄고 부추, 참깨, 참기름, 후추를 넣고 고르게 섞
어줍니다.

↘ 꿀팁 | 오독오독하니 이대로 반찬으로 드셔도 맛있어요.

3 볼에 밥, 참깨, 맛소금, 참기름을 넣고 비빈 다음, 2등
분해 줍니다.

4 김 1장 위에 등분한 밥 한 덩이를 올리고 고르게 편 뒤,
김 ½장을 붙이고 위에 **2**번과 단무지를 올려 돌돌 말
아줍니다. 나머지 재료도 같은 방식으로 말아서 김밥
을 완성합니다.

↘ 꿀팁 | 김 ½장을 올리면 재료의 수분을 잡아주고, 김밥 단면이 더 선
명해져서 예쁩니다.

5 적당한 크기로 썰어 드시면 됩니다.

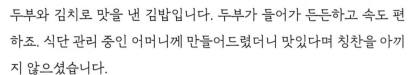

두부와 김치로 맛을 낸 김밥입니다. 두부가 들어가 든든하고 속도 편하죠. 식단 관리 중인 어머니께 만들어드렸더니 맛있다며 칭찬을 아끼지 않으셨습니다.

재료

김밥 4줄,
2인분 양입니다.

두부 200g
김치 400g
청양고추 2개
계란 4개
밥 210g
김 2장
식용유

양념

액상 알룰로스 ½스푼
맛소금 ½티스푼
참깨, 참기름, 후추 기호별

레시피

준비하기

○ 두부는 물기를 꽉 짠 후 으깨놓습니다.
○ 김치는 국물을 꽉 짠 후 가위로 썰어놓습니다.
○ 청양고추는 총총 썰어놓습니다.

1 큰 볼에 두부, 김치, 청양고추, 계란, 액상 알룰로스, 후추를 넣고 섞어줍니다.

2 불을 켜고 계란말이용 팬에 식용유를 두른 뒤, 반죽의 ¼을 붓고, 계란말이 하듯이 돌돌 말아줍니다. 같은 방식으로 4개를 만듭니다.

3 밥에 맛소금, 참깨, 참기름을 넣고 비빈 다음, 2등분해 줍니다.

4 김 1장 위에 밥 한 덩이를 올리고 고르게 편 뒤, 가위로 길게 2등분해 줍니다.

5 등분한 김밥 위에 **2**번을 올리고 돌돌 말아줍니다. 나머지 재료도 같은 방식으로 말아서 김밥을 완성합니다.

6 계란이 식으면 썰어 드시면 됩니다.

> 꿀팁 | 두부가 들어있어서 속이 든든해요.

7 느타리버섯 김밥

느타리버섯을 들깨가루에 버무려 만든 김밥입니다. 쫄깃한 버섯에 들기름까지 넣어 고소함을 더했죠. 병원에 문병 갈 때 보호자 밥으로 싸갔더니 너무 고마워했습니다.

재료

김밥 8줄,
1~2인분 양입니다.

느타리버섯 200g
단무지 4줄
김 2장
밥 200g
대파 ¼대
다진 마늘 ½스푼
들깨가루 2스푼
볶은 들깨 3스푼
깻잎 8장

양념

들기름 2스푼
간장 ½스푼
굴소스 ½스푼
매실액 1스푼
맛소금 ½티스푼

레시피

준비하기

- ○ 느타리버섯은 결대로 찢은 후, 물에 데친 다음 헹궈서 물기를 꽉 짜둡니다.
- ○ 단무지는 길이를 반으로 잘라둡니다.
- ○ 김은 가위로 가로세로 4등분해 줍니다.
- ○ 대파는 1스푼 양으로 총총 썰어둡니다.

1 궁중팬에 느타리버섯, 들기름 1스푼, 간장, 굴소스, 매실액, 대파, 다진 마늘, 들깨가루를 넣고 손으로 주무른 다음, 물기가 사라질 때까지 볶아줍니다.

2 볼에 밥, 볶은 들깨, 맛소금, 들기름 1스푼을 넣어서 섞은 다음, 8등분해 주세요.

3 등분한 김 위에 등분한 밥 한 덩이 올리고 깻잎, 버섯, 단무지 순으로 차례대로 올려 돌돌 말아줍니다. 나머지 재료도 같은 방식으로 말아서 김밥을 완성합니다.

CHAPTER 06

한입에
쏙!
꼬마김밥
레시피

1 ‖ 매콤 맛살 꼬마김밥

맛살을 매콤하게 졸여서 만든 김밥입니다. 어묵김밥을 기죽이는 중독성 최고의 김밥이죠. 동네 친구들에게 5분 만에 후딱 만들어줬더니 바로 '엄지척'이 나왔습니다.

재료

김밥 8줄,
1~2인분 양입니다.

단무지 2줄
맛살 4줄
고추 2개
밥 200g
김 2장

양념

액상 알룰로스 ½스푼
물엿 ½스푼
간장 ½스푼
고추장 ½스푼
물 2스푼
맛소금 ½티스푼
참깨, 참기름 기호별

레시피

준비하기

◌　단무지는 두께와 길이를 반으로 잘라줍니다.
◌　맛살은 길이를 반으로 잘라서 준비해 주세요.
◌　고추는 총총 썰어둡니다.

1　궁중팬에 액상 알룰로스, 물엿, 간장, 고추장, 물을 넣고 불을 켠 뒤, 대충 섞어줍니다.

2　맛살을 넣어 잘 섞어가며 1분 이내로 졸여줍니다. 처음엔 중불로 졸이다가 타지 않게 약불로 조절해 주세요.

　　➘ 꿀팁 | 맛살은 너무 휘젓거나 오래 졸이면 결이 풀어져요. 1분 이내로 끝내주세요!

3　다 졸여졌으면 불을 끄고 고추를 넣어 비빈 다음, 식혀줍니다.

4　볼에 밥, 참깨, 참기름, 맛소금을 넣고 잘 비빈 다음, 2등분으로 나누어줍니다.

5　등분한 밥을 김의 가운데에 펴줍니다. 김의 위아래 3cm를 제외하고 펴주시면 됩니다.

6　밥을 고르게 폈으면 가로세로 4등분으로 자른 뒤, 위에 단무지와 졸인 맛살, 고추를 올려 돌돌 말아줍니다. 나머지 재료도 같은 방식으로 말아서 김밥을 완성합니다.

　　➘ 꿀팁 | 고추를 골고루 배치해서 말아주면 개운한 맛이 좋습니다.

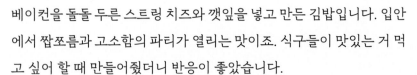

베이컨을 돌돌 두른 스트링 치즈와 깻잎을 넣고 만든 김밥입니다. 입안에서 짭쪼름과 고소함의 파티가 열리는 맛이죠. 식구들이 맛있는 거 먹고 싶어 할 때 만들어줬더니 반응이 좋았습니다.

재료

김밥 4줄,
1~2인분 양입니다.

깻잎 4장
스트링 치즈 4개
베이컨 4줄
밥 200g
김 2장
단무지 2줄

양념

케첩 1스푼
스리라차 소스 1스푼
액상 알룰로스 1스푼
간장 1스푼
맛소금 ½티스푼
참깨, 참기름 기호별

레시피

준비하기

○ 단무지는 두께와 길이를 반으로 잘라줍니다.

1 깻잎 1장 위에 스트링 치즈 1개를 올린 뒤 위아래 양쪽을 감싸 돌돌 말아 줍니다. 감싼 깻잎 위에는 베이컨 1줄을 휘감아 한 번 더 말아주세요.

> 꿀팁 | 녹으면서 치즈가 흘러나오지 않도록 위아래 양쪽을 빈틈이 없게 감싸주세요.

2 불을 약불로 켠 다음, 베이컨 말이를 끝부분이 밑으로 가도록 팬에 올려 구워줍니다.

> 꿀팁 | 베이컨이 익으면서 끝부분이 붙어요

3 베이컨 끝부분이 붙으면 굴려가며 익힌 다음, 케첩, 스리라차 소스, 액상 알룰로스, 간장을 넣고 졸여줍니다.

4 밥에 참깨, 참기름, 맛소금을 넣고 잘 섞은 다음, 2등분해 줍니다.

5 등분한 밥을 김 1장 위에 고르게 편 뒤, 가위로 길게 2등분해 주세요.

6 등분한 김밥 위에 졸인 베이컨말이와 단무지를 올리고 돌돌 말아줍니다. 나머지 재료도 같은 방식으로 말아서 김밥을 완성합니다.

3 | 조린 어묵을 곁들인 꼬마김밥

매콤하게 조린 어묵을 부어 먹는 김밥입니다. 매우 단순한 모양이지만 김밥과 어묵이 만나 발생하는 시너지가 엄청납니다. 치팅데이 때 만들어 먹었는데 만들자마자 순식간에 사라지는 마술을 경험한 김밥이랍니다.

재료

김밥 4줄(16조각),
1~2인분 양입니다.

어묵 2장
당근 약간
밥 200g
김 2장
단무지 4줄
다진 마늘 1스푼
청양고추 2개
대파 약간

양념

맛소금 ½ 티스푼
맛술 1스푼
간장 1스푼
굴소스 1스푼
액상 알룰로스 2스푼
고춧가루 1스푼
고추장 1스푼
물 1컵
참깨, 참기름, 후추 기호별

레시피

준비하기

○ 어묵, 당근은 채 쳐서 준비해 주세요.
○ 청양고추와 대파는 총총 썰어둡니다.

1 밥에 참깨, 참기름, 맛소금을 넣고 잘 섞은 다음, 4등분해 줍니다.

2 준비한 김 2장을 가로로 반 접은 뒤 잘라주세요. 총 4장의 김이 완성됩니다.

3 자른 김 위에 등분한 밥을 각각 고르게 편 다음, 단무지를 1줄씩 올려 돌돌 말아줍니다.

> 꿀팁 | 이대로도 맛있지만 김밥 안에 치즈나 계란과 같이 원하는 재료를 추가하셔도 좋아요.

4 4개의 김밥을 다시 한입 크기로 4등분하여 총 16조각이 되도록 썰어주세요.

5 팬에 맛술, 간장, 굴소스, 액상 알룰로스, 고춧가루, 고추장, 물을 넣고 졸여줍니다.

6 국물이 어느 정도 졸아들었으면 어묵, 당근, 다진 마늘, 총총 썬 청양고추와 대파를 넣은 뒤, 재료에 소스가 잘 배이도록 볶아주세요.

7 불을 끈 후, 후추와 참깨 넣고 섞어서 마무리해 줍니다.

8 만들어 둔 김밥 위에 매콤하게 조린 어묵을 부은 뒤, 같이 드시면 됩니다.

김치
꼬마김밥

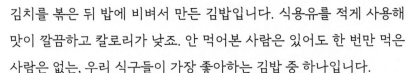

김치를 볶은 뒤 밥에 비벼서 만든 김밥입니다. 식용유를 적게 사용해 맛이 깔끔하고 칼로리가 낮죠. 안 먹어본 사람은 있어도 한 번만 먹은 사람은 없는, 우리 식구들이 가장 좋아하는 김밥 중 하나입니다.

재료

김밥 8줄,
1~2인분 양입니다.

김치 150g
밥 200g
김 2장
식용유

양념

액상 알룰로스 ½스푼
굴소스 ½스푼
고추장 ½스푼
참깨, 참기름, 후추 기호별

레시피

준비하기

○ 김치는 국물을 꽉 짠 다음, 가위로 대충 잘게 잘라서 준비합니다.

1 팬에 식용유, 김치, 액상 알룰로스를 넣고 30초간 볶아줍니다.

2 굴소스, 고추장을 넣고 물기가 사라질 때까지 1분 정도 더 볶아주세요.

3 불을 끈 다음, 볶은 양념이 들어있는 팬에 밥과 후추, 참깨, 참기름을 넣어서 잘 비빈 다음, 8등분해 줍니다.
  ↘ 꿀팁 | 볶지 않고 이렇게 비비면 식용유를 덜 쓰게 되서 맛이 개운하고, 칼로리를 줄일 수 있어요.

4 김 2장을 4등분으로 잘라 총 8장의 김을 만들어 주세요.

5 자른 김 위에 등분한 밥을 고르게 펴고 돌돌 말아 드시면 됩니다.

매콤하게 조린 어묵을 넣어 만든 꼬마김밥입니다. 작게 만들어 집어 먹기 편하고, 재료가 단순해서 만들기도 쉽죠. 집 나간 입맛도 돌아오겠다며 식구들이 엄지를 치켜 든 김밥이기도 합니다.

재료

김밥 4줄,
1~2인분 양입니다.

어묵 3장
청양고추 2개
대파 ¼대
김 2장
단무지 4줄
밥 200g
다진 마늘 ⅓스푼
식용유

양념

고춧가루 1스푼
액상 알룰로스 ⅓스푼
굴소스 ½스푼
물 ⅓컵
맛소금 ½티스푼
참깨, 참기름 기호별

레시피

준비하기

○ 어묵은 채 썬 다음, 뜨거운 물에 담아 앞뒤로 뒤적거린 후 바로 건져냅니다.
○ 청양고추와 대파는 총총 썰어둡니다.

1 궁중팬에 어묵과 청양고추, 대파, 고춧가루, 액상 알룰로스, 굴소스, 식용유, 물, 다진 마늘을 넣은 뒤, 물기가 사라질 때까지 볶아주세요.

2 불을 끈 다음, 참기름과 참깨를 뿌리고 골고루 섞어서 마무리해 줍니다.

3 밥에 참깨, 참기름, 맛소금을 넣고 잘 섞은 다음, 4등분해 줍니다.

4 김 2장을 준비해 가로로 반을 접은 후 잘라 총 4장의 김을 만들어줍니다.

5 자른 김 위에 등분한 밥을 고르게 펴고, 볶은 어묵과 단무지를 올려 돌돌 말아줍니다. 나머지 재료도 같은 방식으로 말아서 김밥을 완성합니다.

6 한입 크기로 자르면 완성입니다.

6 | 미니
원조김밥

단촐한 재료지만 원조김밥의 느낌을 살렸습니다. 손질에 손이 많이 안 가는 재료들로 구성하여 싸기 편하죠. 딸내미 출출할 때 후딱 만들어줬더니 눈에서 하트가 나왔습니다.

186

재료

김밥 4줄,
1~2인분 양입니다.

맛살 2줄
당근 100g
부추 4줄
밥 200g
김 2장
단무지 4줄

양념

소금 1티스푼
맛소금 ½티스푼
깨소금, 참기름 기호별

레시피

준비하기

- ○ 맛살은 두께를 반으로 잘라주세요.
- ○ 당근은 채를 친 후, 끓는 물에 소금을 넣고 20초간 데쳐줍니다.
  > 꿀팁 | 소금을 넣으면 색감이 진하고 예뻐져요.
- ○ 부추는 당근 건진 물에 한번 푹 담근 뒤 바로 건져내 찬물에 행궈줍니다.
  > 꿀팁 |
  > 1. 뿌리부터 넣어주세요. 뿌리는 딱딱해서 익는 데 시간이 걸립니다.
  > 2. 식감과 맛, 영양을 위해 당근과 부추는 짧게 데쳐줍니다.

1 밥에 깨소금, 참기름, 맛소금을 넣고 잘 섞은 다음, 4등분해 줍니다.

2 김을 준비한 뒤, 가로로 반을 접은 후 잘라 총 4장의 김을 만들어줍니다.

3 자른 김 위에 등분한 밥을 고르게 펴고, 맛살, 단무지, 부추, 당근을 올린 후 돌돌 말아주세요. 나머지 재료도 같은 방식으로 말아서 김밥을 완성합니다.

4 한입 크기(약 4등분)로 잘라 드시면 됩니다.
  > 꿀팁 | 미니 원조김밥은 한 조각에 재료가 길게 들어가서 맛이 진하고 풍부해요.

7 마늘 스팸 꼬마김밥

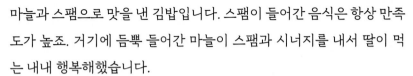

마늘과 스팸으로 맛을 낸 김밥입니다. 스팸이 들어간 음식은 항상 만족도가 높죠. 거기에 듬뿍 들어간 마늘이 스팸과 시너지를 내서 딸이 먹는 내내 행복해했습니다.

재료

김밥 12줄,
2인분 양입니다.

마늘 35g
스팸 150g
청양고추 2개
밥 200g
김 2장
식용유

양념

맛술 1스푼
간장 1스푼
굴소스 ½스푼
참깨, 참기름 기호별

레시피

준비하기

○ 마늘은 편으로, 청양고추는 총총 썰어 준비합니다.

1 스팸을 4×3등분하여 총 12등분으로 썬 다음, 끓는 물에 데쳐줍니다.

↘ 꿀팁 | 끓는 물에 데치면 첨가물을 제거하고 염도를 낮출 수 있어요.

2 데친 스팸을 팬에 노릇노릇 구워줍니다.

3 스팸이 다 익으면 꺼낸 후 팬에 남은 기름은 키친타월로 닦고 식용유와 편마늘을 넣어서 노릇노릇 구워줍니다.

4 팬에 총총 썬 청양고추, 맛술, 간장, 굴소스를 추가로 넣고 양념을 잘 볶아줍니다.

5 불을 끈 다음, 볶은 양념에 밥, 참깨, 참기름을 넣고 비벼줍니다. 잘 비빈 밥은 2등분으로 나눕니다.

6 등분한 밥을 김 1장의 가운데에만 편 다음, 가위로 가로세로 6등분해 줍니다. 같은 식으로 한 번 더 반복해 총 12줄의 김밥을 준비합니다.

7 각각의 김밥 위에 스팸을 올리고 돌돌 말면 완성입니다.

조림 유부와 야채, 각종 김밥 재료를 밥에 넣어 비벼 만든 김밥입니다. 쫄깃한 유부를 넣어 씹는 재미가 있죠. 입맛 까다로운 지인에게 칭찬 받은 김밥이기도 합니다.

재료

김밥 6줄(24조각),
2인분 양입니다.

당근 약간
김밥햄 5줄
유부 3개
계란 2개
청양고추 2개
대파 ¼대
밥 200g
김 3장
단무지 6줄
식용유

양념

소금 1꼬집, ½티스푼
굴소스 ½스푼
액상 알룰로스 ⅓스푼
참깨, 참기름 기호별

레시피

준비하기

○ 당근과 김밥햄은 작게 깍뚝썰기 해줍니다.
○ 유부는 뜨거운 물에 데친 후 작게 깍뚝 썰어줍니다.
○ 청양고추와 대파는 총총 썰어 준비합니다.

1 팬에 식용유, 계란, 소금 1꼬집을 넣고 스크램블 에그를 만들어준 뒤, 큰 볼에 담아둡니다.

2 스크램블 에그를 했던 팬에 식용유, 깍둑썰기한 유부, 총총 썬 고추, 대파, 굴소스, 액상 알룰로스를 넣고 볶아줍니다.

3 유부에 양념이 배었으면, 당근, 김밥햄도 추가해서 넣고 같이 노릇노릇 볶아주세요.

4 스크램블 에그를 담았던 큰 볼에 볶아 둔 유부, 밥, 참기름, 참깨, 소금 ½티스푼을 넣고 잘 버무린 다음, 6등분해 줍니다.

5 김은 가로로 반을 접은 후 잘라 총 6장을 만들어줍니다.

6 자른 김 위에 등분한 밥을 고르게 펴고, 단무지를 놓은 뒤 돌돌 말아줍니다. 나머지 재료도 같은 방식으로 말아서 김밥을 완성합니다.

7 한입 크기(4등분)로 잘라 드시면 됩니다.

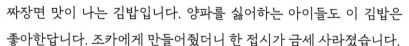

짜장면 맛이 나는 김밥입니다. 양파를 싫어하는 아이들도 이 김밥은
좋아한답니다. 조카에게 만들어줬더니 한 접시가 금세 사라졌습니다.

재료

김밥 8줄,
1인분 양입니다.

오이 1개
양파 ½개
대파 ¼대
다진 마늘 ½스푼
밥 200g
김 2장
단무지 4줄
식용유

양념

물 2스푼
짜장 가루 2스푼
참깨 기호별

레시피

○ 오이는 채 쳐주고, 양파는 깍뚝썰기해 주세요.
○ 대파는 총총 썰어 준비합니다.
○ 단무지는 두께와 길이를 반으로 잘라줍니다.

1 팬에 식용유, 양파, 총총 썬 대파, 다진 마늘을 넣고 양파가 투명해질 때까지 강불에 2~3분 정도 볶아줍니다.

2 1번에 물과 짜장 가루를 넣고 재료와 소스가 잘 섞이게 약불로 약 30초간 볶아주세요.

3 2번에 밥과 참깨를 넣고 잘 비빈 다음, 8등분으로 나눠줍니다.

4 김을 가위로 가로세로 4등분해 총 8장을 만들어줍니다.

5 각각의 김 위에 등분한 밥을 고르게 펴고, 단무지와 오이를 올린 후 돌돌 말아 드시면 됩니다.

10 두부 매콤 꼬마김밥

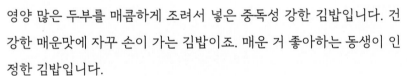

영양 많은 두부를 매콤하게 조려서 넣은 중독성 강한 김밥입니다. 건강한 매운맛에 자꾸 손이 가는 김밥이죠. 매운 거 좋아하는 동생이 인정한 김밥입니다.

재료

김밥 8줄,
1인분 양입니다.

단무지 2줄
두부 150g
청양고추 3개
다진 마늘 1스푼
밥 200g
김 2장
깻잎 4장
식용유

양념

굴소스 1티스푼
고추장 1티스푼
고춧가루 ½스푼
조청(혹은 물엿) ½스푼
맛소금 ½티스푼
참깨, 참기름, 후추 기호별

레시피

 준비하기

○ 단무지는 두께와 길이를 반으로 자릅니다.
○ 두부는 손으로 물기를 꽉 짜서 준비합니다.
○ 청양고추는 총총 썰어줍니다.
○ 깻잎은 반으로 썰어놓습니다.

1 궁중팬에 두부를 넣고 주걱이나 숟가락을 이용해 으깨줍니다.

2 불을 켠 후, 으깬 두부의 물기가 어느 정도 사라질 때까지 볶아주세요.

3 두부가 포슬포슬해지면, 식용유, 총총 썬 고추, 다진 마늘, 굴소스, 고추장, 고춧가루, 조청(혹은 물엿)을 넣고 잘 섞어가며 다시 한번 물기가 사라질 때까지 볶아줍니다.

　↘ 꿀팁 | 두부를 먼저 볶아줬기 때문에 양념을 넣고 오래 볶을 필요가 없어요. 양념이 잘 섞이고 물기가 어느 정도 사라졌다면 불을 꺼주세요.

4 불을 끈 후 참깨, 후추, 참기름을 볶은 두부에 넣고 골고루 섞어줍니다.

5 밥에 참깨, 참기름, 맛소금을 넣고 골고루 섞은 다음, 2등분해 줍니다.

6 등분한 밥을 김의 가운데에만 펴고, 가위로 가로세로 4등분해 줍니다.

7 등분한 김밥 위에 단무지, 깻잎 ½장, 매콤한 볶음 두부를 차례로 올리고 돌돌 말아줍니다. 나머지 재료도 같은 방식으로 말아서 김밥을 완성합니다.

당근 시금치 꼬마김밥

마늘에 볶은 당근과 시금치를 한데 무쳐 고추장밥에 말아 먹는 김밥입니다. 마늘이 듬뿍 들어가 풍미가 훌륭합니다. 동호회 모임에 싸갔더니 인기가 아주 좋았답니다.

재료

김밥 8줄,
1인분 양입니다.

당근 ½개
시금치 1단
다진 마늘 1스푼 (수북이)
밥 200g
김 2장
식용유

양념

소금 1티스푼
설탕 1티스푼, ⅓스푼
간장 ½스푼
참기름 1½스푼
고추장 1스푼
식초 ½스푼
참깨 기호별

레시피

〈 준비하기 〉

○ 당근은 채쳐줍니다.

○ 시금치는 끓는 물에 넣고 한 번 뒤집은 다음, 바로 꺼내 물기를 꽉 짜둡니다.

1 궁중팬에 식용유, 당근, 다진 마늘, 소금, 설탕 1티스푼을 넣고 강불에서 볶아줍니다.

2 물기가 어느 정도 사라지면 넓게 펼쳐서 식혀주세요.
> 꿀팁 | 수분이 날아가게끔 넓게 펼쳐서 식혀주는 것이 중요해요. 수분이 남아 있으면 김을 눅눅하게 만듭니다.

3 큰 볼에 볶은 당근과 시금치를 넣고 간장, 참기름 ½스푼, 참깨를 넣어 버무려줍니다.
> 꿀팁 | 시금치를 무칠 때 당근볶음을 넣으면 감칠맛이 좋아요.

4 밥에 고추장, 설탕 ⅓스푼, 식초, 참기름 1스푼, 참깨를 넣고 잘 비빈 다음, 2등분해 줍니다.

5 등분한 밥을 김의 가운데에만 펴고, 가위로 가로세로 4등분해 줍니다.

6 등분한 김밥 위에 버무린 시금치와 당근을 듬뿍 올리고 돌돌 말아줍니다. 나머지 재료도 같은 방식으로 말아서 김밥을 완성합니다.

12 | 나물 꼬마김밥

각종 나물을 활용한 김밥입니다. 냉장고 파먹기를 할 때 좋은 김밥이죠. 분명히 같은 나물인데 김밥에 들어가니 더 맛있다며 식구들이 엄지 척을 해줬습니다.

재료

김밥 8줄,
1인분 양입니다.

단무지 2줄
밥 200g
김 2장
나물 (집에 있는 것으로)

양념

고추장 1스푼
케첩 1스푼
참깨 1스푼
참기름 1스푼

레시피

○ 단무지는 길이와 두께를 반으로 잘라주세요.

1 밥에 고추장, 케첩, 참깨, 참기름을 넣고 비벼줍니다.

2 골고루 섞였으면 2등분해 주세요.

3 등분한 밥을 김의 가운데에만 편 다음, 가위로 가로세로 4등분해 줍니다.

4 등분한 김밥 위에 단무지, 집에 있는 나물(고사리, 시금치, 콩나물, 참나물, 무나물 등)을 올려 돌돌 말아줍니다. 나머지 재료도 같은 방식으로 말아서 김밥을 완성합니다.

↘ 꿀팁 | 깻잎이 있다면 추가하셔도 좋아요. 향과 맛이 살아납니다.

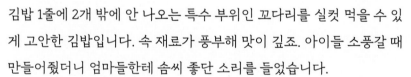

김밥 1줄에 2개 밖에 안 나오는 특수 부위인 꼬다리를 실컷 먹을 수 있게 고안한 김밥입니다. 속 재료가 풍부해 맛이 깊죠. 아이들 소풍갈 때 만들어줬더니 엄마들한테 솜씨 좋단 소리를 들었습니다.

재료

김밥 8줄,
2~3인분 양입니다.

오이 ½개
맛살 2줄
김밥햄 4줄
당근 4줄
계란 3개
단무지 4줄
밥 200g
김 2장
식용유

양념

소금 1티스푼, 2꼬집
맛소금 ½티스푼
식초 1스푼
올리고당 1스푼
참깨, 참기름 기호별

레시피

준비하기

○ 오이는 속을 파내고 두께를 4등분한 뒤, 식초, 올리고당, 소금 1꼬집에 절였다가 물기를 꽉 짜둡니다.
○ 맛살은 두께를 반으로 자릅니다.
○ 계란은 소금 1꼬집 넣고 잘 풀어둡니다.
○ 당근은 오이 두께에 맞춰 4줄을 만들고 전자레인지에 30초 돌려둡니다.

　↘ 꿀팁 | 당근을 전자레인지에 돌리면, 나중에 볶는 시간을 단축 할 수 있어요.

1　불을 약불로 켜고 팬에 식용유를 두른 뒤 풀어놓은 계란을 전부 부어 계란말이를 해줍니다. 완성된 계란말이는 한김 식힌 후 4등분으로 잘라줍니다.

2　당근은 식용유를 두른 팬에 소금 1꼬집 넣고 서너 번 볶아주세요.

3　당근을 옆으로 밀어놓고 맛살과 김밥햄을 같이 넣어 구워줍니다.

4　밥에 맛소금, 참기름, 참깨를 넣고 골고루 섞은 다음, 2등분해 줍니다.

5　재료가 전부 준비됐으면 김 위에 등분한 밥을 고르게 펴고, 가위로 길게 4등분해 줍니다.

6　등분한 김밥 2줄의 사이를 약 3cm 벌려서 배치해 줍니다. 그 후 속 재료를 김 가운데로 길게 놓아주세요.

7　중간을 썰어서 재료를 끊은 다음, 돌돌 말아줍니다.

　↘ 꿀팁 | 작은 사이즈의 김밥은 재료를 일일이 놓고 마는 게 손이 많이 가요. 이렇게 재료를 한 번에 놓으면 시간과 과정을 단축할 수 있답니다.

8　김밥 하나를 반으로 가르면 간단히 꼬다리 김밥이 완성됩니다. 나머지 재료도 같은 방식으로 말아서 김밥을 완성합니다.

　↘ 꿀팁 | 꼬다리 김밥은 속 재료가 많고 밥은 적게 들어가서 감칠맛이 풍부해요.

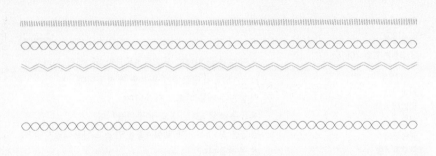

PART 03

김밥과 함께 하면 좋은
큐브 밀프랩

1 | 미역국

미역국 엑기스를 냉동 보관하여 편리함을 준 밀프랩입니다. 냉동실에서 꺼내 5분이면 완성되죠. 지인에게 레시피를 알려줬더니 이제는 생일날 미역국 끓이는 걸 잊어버려도 쉽게 해결할 수 있겠다며 좋아했습니다.

사용하는 도구

다이소 4구 알알이쏙
냉동 소분용기

재료

큐브 5개,
큐브 1개당 2인분 양입니다.

미역 40g
다진 마늘 2스푼
사골가루 3스푼
참치액 2스푼
국간장 2스푼
물 4½컵
소금, 참기름 기호별

레시피

준비하기

○ 미역은 물에 불려 깨끗이 씻은 후 한입 크기로 잘라줍니다.

미역국 큐브 만들기

1 팬에 미역, 사골가루, 참치액, 국간장, 다진 마늘, 물을 넣고 불을 켠 뒤, 물이 1스푼 정도 남을 때까지 볶아줍니다.

> 꿀팁 | 지금은 물로 볶아주고 참기름은 먹을 때 넣어줄 거예요. 먹을 때 넣어줘야 향이 좋답니다.

2 미역이 다 볶아졌으면 넓게 펴서 식혀주세요.

3 충분히 식었으면 냉동 소분용기에 담아 냉동 보관합니다.

미역국 끓이기

1 냄비에 큐브 1개를 넣고 물 4컵과 참기름을 넉넉히 두른 뒤, 강불로 끓여줍니다.

2 끓기 시작하면 중약불로 줄이고 5분 더 끓여주세요.

3 국물이 충분히 우러나면 간을 보시고, 부족한 간은 소금으로 채운 뒤 드시면 됩니다.

> 꿀팁 | 고기를 넣고 싶으시면 큐브 넣을 때 소고기를 같이 넣고 끓이시면 됩니다. (고기는 시간이 많이 걸리는 양지나 사태보다는 얇게 썬 볼고기 감이나 같은 고기를 넣으시면 육수 우러나오는 시간을 단축할 수 있어요.)

2 | 김칫국

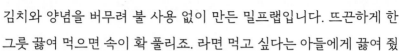

김치와 양념을 버무려 불 사용 없이 만든 밀프랩입니다. 뜨끈하게 한 그릇 끓여 먹으면 속이 확 풀리죠. 라면 먹고 싶다는 아들에게 끓여 줬더니 라면보다 얼큰하고 시원하다 했습니다.

사용하는 도구

다이소 4구 알알이쏙
냉동 소분용기

재료

큐브 5개,
큐브 1개당 1인분 양입니다.

김치 1포기
다진 마늘 2스푼
대파 1대
사골가루 2스푼
국간장 2스푼
참치액 2스푼
김칫국물 ½컵
물 2컵
소금 기호별

레시피

○ 김치와 대파는 총총 썰어둡니다.

김칫국 큐브 만들기

1 준비한 김치에 사골가루, 국간장, 참치액, 다진 마늘, 대파, 김칫국물을 넣고 골고루 섞어줍니다.

2 냉동 소분용기에 김칫국 밀프랩을 나누어 담은 뒤 냉동 보관합니다.

김칫국 끓이기

1 냄비에 김칫국 큐브 1개와 물 2컵을 넣고 불을 켠 뒤 강불로 끓여줍니다.

2 끓기 시작하면 중약불로 줄여 5분 더 끓여줍니다.

3 국물이 충분히 우러나면 간을 보고, 부족한 간은 소금으로 채운 뒤 드시면 됩니다.

  ↘ 꿀팁 | 큐브 넣으실 때 대파, 청양고추, 두부, 콩나물 등 토핑을 추가하면 더욱 맛있게 먹을 수 있습니다.

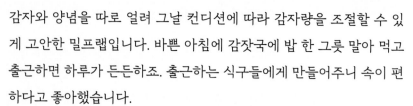

감자와 양념을 따로 얼려 그날 컨디션에 따라 감자량을 조절할 수 있게 고안한 밀프랩입니다. 바쁜 아침에 감잣국에 밥 한 그릇 말아 먹고 출근하면 하루가 든든하죠. 출근하는 식구들에게 만들어주니 속이 편하다고 좋아했습니다.

사용하는 도구

다이소 아이스 트레이 10구

재료

큐브 10개,
큐브 1개당 1~2인분 양입니다.

감자 7개
대파 1대
양파 1개
다진 마늘 3스푼
계란 1개
소금 1티스푼
식용유 1스푼
멸치액젓 3스푼
물 3½컵
참치액 3스푼
국간장 3스푼
소금, 후추 기호별

레시피

준비하기

○ 감자는 손질해 둡니다.

> 1. 감자를 깨끗이 씻어 필러로 껍질을 제거한 후, 1cm 두께로 반달썰
>   기합니다.
> 2. 끓는 물에 소금을 넣고 2분간 데쳐 감자가 반 정도 익으면 건져서 식
>   혀줍니다.
> 3. 감자가 충분히 식었으면 물을 털어내고 지퍼백에 담아 냉동 보관하
>   고 필요하실 때마다 덜어 쓰시면 됩니다.
> 4. 얼어서 엉겨 붙은 감자들은 벽에 치면 낱개로 떨어집니다.

○ 대파는 총총 썰고, 양파는 가로세로 1cm 크기로 썰어줍니다.

감잣국 큐브 만들기

1 팬에 불을 켜고 양파, 대파, 식용유를 두른 뒤 재료가
노릇노릇 갈색빛이 돌 때까지 강불로 볶습니다.

2 잘 볶아졌으면 재료를 옆으로 밀어 팬에 공간을 만든
뒤 멸치액젓을 넣어 눌러준 다음, 재료가 잘 섞일 수
있도록 저어줍니다.

3 2번에 물과 다진 마늘, 참치액, 국간장을 넣고 젓다가,
끓으면 불을 끈 후 후추를 넣어줍니다.

4 충분히 식으면 냉동 소분용기에 담아 냉동 보관합니다.

감잣국 끓이기

1 냄비에 큐브 1개와 손질한 감자 적당량, 물 2½컵을 넣
어 국물이 우러나올 때까지 충분히 끓입니다. 간을 보
고 부족한 간은 소금으로 맞춰줍니다.

2 감잣국에 풀어놓은 계란을 빙 둘러가며 넣어줍니다.
계란이 익어서 떠오르면 불을 끄고 드시면 됩니다.

> 꿀팁 | 계란은 넣은 후 휘저으면 국물이 탁해지니 휘젓지 마시고 그
> 대로 익혀주세요.

4 | 뭇국

뭇국 속에 들어가는 재료를 농축하여 만든 밀프랩입니다. 무는 얼리지 않고 먹기 직전에 썰어 넣어야 국이 시원합니다. 속이 불편하고 소화가 잘 안 될 때 먹으면 좋은 국입니다.

사용하는 도구

다이소 아이스 트레이 10구

재료

큐브 10개,
큐브 1개당 1인분 양입니다.

무 200g
대파 1대
양파 1개
새송이버섯 2개
다진 마늘 2스푼
물 3컵
참치액 4스푼
국간장 5스푼
소금, 후추 기호별

레시피

○ 새송이버섯은 길이를 반으로 자른 뒤 결대로 찢어둡니다.

○ 대파는 총총 썰고, 양파는 가로세로 1cm 크기로 썰어놓습니다.

○ 무는 나박나박 썰어둡니다.

> 꿀팁 | 무는 보관할 때 냉동시키면 식감이 달라질 수 있습니다. 무는 씻지 않은 상태로 키친타월로 감싸 냉장고 야채칸에 보관하면 2-3주 정도 보관이 가능합니다.

뭇국 큐브 만들기

1 팬에 새송이버섯, 대파, 양파, 다진 마늘, 물, 참치액, 국간장, 후추를 넣고 강불로 켠 후, 물이 반으로 줄어들 때까지 끓여줍니다.

2 충분히 끓으면 불을 끄고 식혀준 뒤, 냉동 소분용기에 담아 냉동 보관합니다.

뭇국 끓이기

1 냄비에 불을 켜고 물 2컵과 큐브 1개, 썰어놓은 무 200g을 넣고 중불에서 끓여줍니다.

2 끓기 시작하면 약불로 줄이고 무가 익을 수 있게 충분히 끓입니다.

3 국물이 충분히 우러나면 간을 보고, 입맛에 맞게 소금으로 간을 해 먹으면 됩니다.

> 꿀팁 | 대파, 고추, 고춧가루, 고기 등을 추가하셔도 좋습니다.

황태를 들기름에 볶은 다음, 들깨가루를 넣고 만든 밀프랩입니다. 술 먹은 다음 날 속 푸는 데 최고죠. 황태 자체가 육수 기능을 하기 때문에 멸치 육수로 끓이지 않아도 맛있습니다. 회식 다녀온 아들에게 만들어 주니 엄마 최고 소리를 들었습니다.

사용하는 도구

다이소 4구
알알이쏙 냉동 소분용기

재료

큐브 8개,
큐브 1개당 1인분 양입니다.

황태 80g
대파 1대
다진 마늘 2스푼
양파 ½개
무 약간
계란 1개
물 3컵
들깨가루 4스푼
참치액 4스푼
소금, 새우젓, 후추, 들기름 기호별

레시피

○ 황태는 찬물에 빠른 속도로 헹구어 건진 뒤, 가위로 한입 크기로 썰어둡니다.
○ 대파는 총총 썰고, 양파는 가로세로로 1cm 크기로 썰어둡니다.
○ 무는 채 썰어둡니다.

황태해장국 큐브 만들기

1 불을 켜고 달궈진 냄비에 들기름을 두른 뒤, 황태를 넣고 2분 정도 약불에서 볶아줍니다.

2 볶은 황태에 물, 무, 양파, 대파, 다진 마늘, 참치액을 넣고 물이 3스푼 정도 남을 때까지 끓여줍니다.

> 꿀팁 | 무는 얼리면 식감이 달라져서 뭇국처럼 무가 차지하는 비율이 큰 음식엔 얼리지 않는 것이 좋으나, 황태해장국과 같이 채 썬 무가 조금 들어가는 경우는 함께 넣어 만들어도 됩니다. 그래도 원치 않으시면 빼고 나중에 넣어서도 좋습니다.

3 불을 끄고 들깨가루 4스푼과 후추를 넣어 섞어준 다음, 넓게 펴서 식혀줍니다.

4 냉동 소분용기에 담아 냉동실에 보관하시면 됩니다.

황태해장국 끓이기

1 냄비에 물 2컵과 큐브 1개를 넣고 국물이 우러날 때까지 충분히 끓여줍니다. 간을 보고 부족한 간은 소금이나 새우젓으로 맞춥니다.

2 풀어놓은 계란을 국에 빙 둘러줍니다. 계란이 익어서 떠오르면 불을 끄고 드시면 됩니다.

> 꿀팁 | 계란은 넣은 후 휘저으면 국물이 탁해지니, 휘젓지마시고 그대로 익혀주세요

대파, 고사리, 토란대를 넣어 얼큰하게 구성한 밀프랩입니다. 추운 겨울에 한 그릇 먹으면 추위가 물러가죠. 매운 거 좋아하는 조카에게 만들어주니 시원하고 개운하다며 냉동실 가득 만들어 달라 했습니다.

사용하는 도구

다이소 4구
알알이쏙 냉동 소분용기

재료

큐브 8개,
큐브 1개당 1인분 양입니다.

고사리 100g
토란대 100g
새송이버섯 2개
양파 ½개
대파 2대
다진 마늘 2스푼
계란 1개
고춧가루 3스푼
국간장 3스푼
참치액 3스푼
사골가루 3스푼
물 3컵
소금, 참기름, 후추 기호별

레시피

○ 고사리와 토란대는 데친 뒤 한입 크기로 썰어줍니다.

○ 새송이버섯은 길이를 반으로 자르고 손으로 찢어놓습니다.

○ 대파는 길이를 6cm로 자른 뒤, 흰 부분은 반을 갈라주고 파란 부분은 그냥 사용합니다.

○ 양파는 채 썰어둡니다.

대파육개장 큐브 만들기

1 냄비에 고사리, 토란대, 새송이버섯, 양파, 대파, 다진 마늘, 고춧가루, 참기름, 국간장, 참치액, 사골가루를 넣고 손으로 무친 뒤, 물을 넣고 강불에서 끓여줍니다.

2 1번에 물이 ½컵 정도 남았으면 불을 끄고, 후추를 넣어 섞은 다음, 넓게 펼쳐 식혀줍니다.

3 충분히 식으면 냉동 소분용기에 담아 냉동 보관합니다.

대파육개장 끓이기

1 달궈진 냄비에 물 2컵, 큐브 1개를 넣어 국물이 우러나올 때까지 끓여줍니다. 부족한 간은 소금으로 채웁니다.

2 풀어놓은 계란을 육개장 위에 빙 돌려가며 부어줍니다. 계란이 떠올라 다 익을 때까지 가만히 둡니다.

3 다 익으면 드시면 됩니다.

↘ 꿀팁 | 큐브 넣을 때 콩나물, 숙주, 고기를 넣어도 좋아요.

7 애호박국

애호박을 넣어 맑게 끓여 먹을 수 있게 만든 밀프랩입니다. 애호박의 달큰한 맛이 매력이죠. 부담 없이 편안한 맛의 국을 끓이고 싶을 때 이용합니다.

사용하는 도구

다이소 4구
알알이쏙 냉동 소분용기

재료

큐브 4개,
큐브 1개당 1인분 양입니다.

애호박 ½개
양파 ¼개
대파 ½개
새송이버섯 1개
당근 약간
다진 마늘 2스푼
국간장 2스푼
참치액 2스푼
물 2컵
소금, 후추, 들기름 기호별

레시피

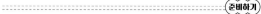

준비하기

○ 애호박은 십자썰기, 대파는 총총썰기, 양파는 가로세로 1cm 크기로 썰어놓습니다.
○ 새송이버섯은 길이를 반으로 자른 뒤 손으로 찢어놓고, 당근은 채 썰어둡니다.

애호박국 큐브 만들기

1 불을 켜고 달궈진 팬에 양파, 대파, 새송이버섯, 당근, 국간장, 참치액, 다진 마늘, 들기름을 넣고 1분 정도 볶은 뒤, 불을 끄고 펼쳐서 식혀줍니다.

2 냉동 소분용기에 볶아놓은 재료를 넣고, 그 위에 썰어놓은 애호박을 올린 후 냉동실에 보관합니다.

애호박국 끓이기

1 냄비에 불을 켜고 물 2컵과 큐브 1개를 넣어 끓입니다.

2 국물이 충분히 우러나면 간을 보고, 부족한 간은 소금과 후추를 더해 드시면 됩니다.

> 꿀팁 | 팽이버섯, 청경채 등 다른 채소를 넣거나, 조개, 굴, 오징어, 새우 등 해산물을 추가해도 좋습니다. 소금 대신 새우젓으로 간을 해도 색다른 맛을 즐길 수 있습니다.

8 | 버섯시금치 맑은국

버섯과 시금치를 버무려 완성한 밀프랩입니다. 조리 과정이 단순해 만들기가 쉽죠. 시금치의 계절이 오면 시금치 된장국과 함께 자주 밥상에 오르는 국입니다.

사용하는 도구

다이소 4구
알알이쏙 냉동 소분용기

재료

큐브 4개,
큐브 1개당 1인분 양입니다.

시금치 1단
새송이버섯 1개
양파 ¼개
대파 1대
다진 마늘 2스푼
참치액 2스푼
국간장 2스푼
사골가루 2스푼
물 2컵
소금, 후추 기호별

레시피

준비하기

○ 시금치는 데친 후 물기를 꽉 짭니다.

○ 새송이버섯은 길이를 반으로 자른 뒤 손으로 찢어둡니다.

○ 양파는 가로세로 1cm 정도의 크기로 썰어놓고, 대파는 총 총 썰어놓습니다.

버섯시금치 맑은국 큐브 만들기

1   큰 볼에 시금치, 새송이버섯, 양파, 대파, 다진 마늘, 참 치액, 국간장, 사골가루, 후추를 넣고 버무려 주세요.

2   냉동 소분용기에 담아 냉동 보관하시면 됩니다.

버섯시금치 맑은국 끓이기

1   냄비에 물 2컵과 큐브 1개를 넣어 끓여줍니다.

2   국물이 충분히 우러나면 간을 보고, 부족한 간은 소금 으로 채우면 됩니다.

↘ 꿀팁 | 홍합, 조개, 황태 등 해산물을 추가하셔도 좋아요.

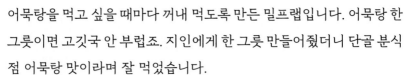

어묵탕을 먹고 싶을 때마다 꺼내 먹도록 만든 밀프랩입니다. 어묵탕 한
그릇이면 고깃국 안 부럽죠. 지인에게 한 그릇 만들어줬더니 단골 분식
점 어묵탕 맛이라며 잘 먹었습니다.

사용하는 도구

다이소 4구
알알이쏙 냉동 소분용기

재료

큐브 8개,
큐브 1개당 1인분 양입니다.

사각어묵 8장
양파 ½개
대파 1대
당근 약간
참치액 2스푼
멸치다시다 2스푼
물 2컵
소금, 후추 기호별

레시피

◌ 사각어묵은 0.5cm 간격으로 썰어둡니다.

◌ 대파는 총총, 당근과 양파는 채 썰어주세요.

어묵탕 큐브 만들기

1 어묵, 양파, 대파, 당근, 참치액, 멸치다시다, 후추를 넣고 버무려줍니다.

2 냉동 소분용기에 담아 냉동 보관하시면 됩니다.

어묵탕 끓이기

1 팬에 물 2컵과 큐브 1개를 넣고 끓여줍니다.

2 국물이 충분히 우러나면 간을 보고, 부족한 간은 소금으로 채워서 드시면 됩니다.

10 | 양배추 된장국

양배추를 된장에 버무려 만든 밀프랩입니다. 비타민U가 많아 위장에 좋다고 알려진 양배추지만 항상 냉장고 구석에서 생명을 잃어가곤 하죠. 양배추 싫어하는 딸에게 만들어주니 이제 양배추 전성시대라며 잘 먹었습니다.

사용하는 도구
다이소 4구
알알이쏙 냉동 소분용기

재료
큐브 8개,
큐브 1개당 1인분 양입니다.

양배추 1kg
대파 2대
다진 마늘 2스푼
고추 4개
된장 4스푼(수북이)
고추장 3스푼(수북이)
쌈장 2스푼(수북이)
사골가루 3스푼
고춧가루 2스푼
참치액 3스푼
국간장 3스푼
식용유 2스푼
물 2컵
소금 기호별

레시피

준비하기

○ 양배추는 길이를 5cm, 폭은 2~3cm로 썰어 끓는 물에 데친 뒤 찬물에 헹궈 꽉 짜둡니다.
○ 대파와 고추는 총총 썰어놓습니다.

양배추 된장국 큐브 만들기

1 큰 볼에 양배추, 대파, 다진 마늘, 고추, 된장, 고추장, 쌈장, 사골가루, 고춧가루, 참치액, 국간장, 식용유를 넣고 잘 버무려 줍니다.

2 냉동 소분용기에 담아 냉동 보관하시면 됩니다.

> 꿀팁 | 매운 걸 못 드시는 분은 고추장과 고춧가루 양을 조절하세요.

양배추 된장국 끓이기

1 팬에 물 2컵과 큐브 1개를 넣고 끓여줍니다.

2 국물이 충분히 우러나면 간을 보고, 부족한 간은 소금으로 채우면 됩니다.

> 꿀팁 | 국을 끓일 때 고기나 해산물, 콩나물, 두부를 넣어도 좋아요.

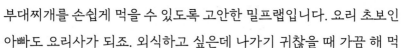

부대찌개를 손쉽게 먹을 수 있도록 고안한 밀프랩입니다. 요리 초보인 아빠도 요리사가 되죠. 외식하고 싶은데 나가기 귀찮을 때 가끔 해 먹는 음식입니다.

사용하는 도구

다이소 4구
알알이쏙 냉동 소분용기

재료

큐브 8개,
큐브 1개당 1~2인분 양입니다.

김치 200g
양파 ½개
새송이버섯 2개
고추 2개
대파 ½개
다진 마늘 2스푼
스팸 기호별
사골가루 3스푼
참치액 3스푼
국간장 3스푼
고춧가루 3스푼
액상 알룰로스 ½스푼
물 4컵
소금, 후추 기호별

레시피

○ 김치, 고추, 대파는 총총 썰어둡니다.
○ 양파는 가로세로 1cm 크기로 썰어둡니다.
○ 새송이버섯은 길이를 반으로 자른 뒤, 손으로 찢어 준비합니다.

부대찌개 큐브 만들기

1 김치, 양파, 새송이버섯, 고추, 대파, 다진 마늘, 사골가루, 참치액, 국간장, 고춧가루, 액상 알룰로스, 후추를 넣고 골고루 섞어줍니다.

2 냉동 소분용기에 담아 냉동 보관하시면 됩니다.

부대찌개 끓이기

1 넓은 냄비에 큐브 1개와 물 4컵을 넣고 끓여줍니다.

2 스팸은 숟가락으로 떠서 넣어주고 치즈, 라면 사리, 두부 등 집에 있는 재료를 넣어서 국물이 충분히 우러날 때까지 끓여줍니다. 부족한 간은 소금으로 채운 뒤 드시면 됩니다.

> 꿀팁 | 떡, 만두, 애호박, 부추, 콩나물, 어묵, 소시지, 빈 등을 넣으셔도 좋아요.

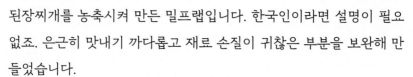

된장찌개를 농축시켜 만든 밀프랩입니다. 한국인이라면 설명이 필요 없죠. 은근히 맛내기 까다롭고 재료 손질이 귀찮은 부분을 보완해 만들었습니다.

사용하는 도구

다이소 4구
알알이쏙 냉동 소분용기

재료

큐브 8개,
큐브 1개당 1~2인분 양입니다.

양파 1개
애호박 ½개
새송이버섯 2개
고추 4개
다진 마늘 5스푼
된장 300g
고추장 50g
물 ½컵
식용유 2스푼
참치액 3스푼
사골가루 6스푼
국간장 3스푼
고춧가루 2스푼
물 2컵
소금 기호별

레시피

준비하기

○ 애호박은 십자썰기, 고추는 총총썰기, 양파는 가로세로
1cm 두께로 썰어놓습니다.

○ 새송이버섯은 길이를 반으로 자르고 손으로 찢어놓습
니다.

된장찌개 큐브 만들기

1   팬에 된장, 고추장, 식용유, 참치액, 국간장, 사골가루,
고춧가루, 새송이버섯과 물을 넣고 불을 켠 뒤 볶아줍
니다.

2   충분히 볶아졌으면 불을 끄고 다진 마늘을 넣어서 섞
은 다음, 충분히 식혀줍니다. 다 식으면 냉동 소분용기
에 나누어 담아줍니다.

3   나눠 담은 큐브 위로 양파→호박→고추 순으로 차례
로 올린 뒤 냉동 보관하시면 됩니다.

된장찌개 끓이기

1   냄비에 큐브 1개와 물 2컵을 넣어서 끓여줍니다.

2   국물이 충분히 우러나면 간을 보고, 부족한 간은 소금
으로 채워서 드시면 됩니다.

↘ 꿀팁 | 두부, 야채 등 토핑은 원하는 대로 추가하셔도 좋아요.

한 번 먹을 양만큼 소분해 만들기 쉽게 고안한 순두부찌개 밀프랩입니다. 순두부 좋아하는 분이시라면 냉동실 필수 아이템이죠. 구독자 분중에 맛있게 끓여 먹었다며 고맙단 소리를 들은 레시피입니다.

사용하는 도구

다이소 4구
알알이쏙 냉동 소분용기

재료

큐브 8개,
큐브 1개당 2인분 양입니다.

애호박 ⅔개
양파 1개
대파 1대
다진 마늘 3스푼
고추 5개
순두부 1팩
계란 1개
고춧가루 4스푼
식용유 4스푼
조개다시다 2스푼
참치액 3스푼
국간장 3스푼
물 1½컵
소금, 새우젓, 후추 기호별

레시피

준비하기

○ 애호박은 십자썰기, 양파는 가로세로 1cm 크기로 썰어주세요.

○ 대파와 고추는 총총 썰어주세요.

순두부찌개 큐브 만들기

1 볼에 고춧가루, 식용유, 대파, 다진 마늘, 후추, 조개다시다, 참치액, 국간장을 넣고 섞어서 양념을 만들어주세요.

2 양념 위에 양파→호박→고추 순으로 놓고 냉동 소분용기에 담아 냉동 보관하시면 됩니다.

> ꙴ 꿀팁 | 채소에 양념이 닿으면 색이 배어버려서 끓였을 때 신선해 보이지 않을 수 있습니다. 그래서 채소 중 양념이 닿아도 변화가 적은 양파를 제일 밑에 배치하였습니다. 이 순서대로 놓으면 끓였을 때 채소가 금방 썬 것처럼 신선해 보입니다.

순두부찌개 끓이기

1 냄비에 큐브 1개와 물 1½컵, 순두부를 넣고 끓여줍니다.

2 국물이 충분히 우러나면 간을 보고, 부족한 간은 새우젓이나 소금으로 채워주세요.

3 순두부 위에 계란 1개를 깨뜨려 넣고 드시면 됩니다.

> ꙴ 꿀팁 | 조개, 홍합, 굴, 고기, 버섯 등을 추가하셔도 좋아요.

14 ｜ 김치찌개

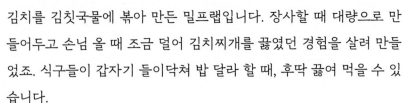

김치를 김칫국물에 볶아 만든 밀프랩입니다. 장사할 때 대량으로 만들어두고 손님 올 때 조금 덜어 김치찌개를 끓였던 경험을 살려 만들었죠. 식구들이 갑자기 들이닥쳐 밥 달라 할 때, 후딱 끓여 먹을 수 있습니다.

사용하는 도구

다이소 4구
알알이쏙 냉동 소분용기

재료

큐브 8개,
큐브 1개당 1인분 양입니다.

김치 900g
다진 마늘 1티스푼
식용유 5스푼
김칫국물 ½컵
참치액 3스푼
설탕 ½스푼
물 1½컵
소금 기호별

레시피

준비하기

○ 김치는 한입 크기로 썰어줍니다.

김치찌개 큐브 만들기

1 팬에 김치, 식용유, 김칫국물, 참치액, 설탕을 넣고 중약불에 5분간 주걱으로 잘 저어가며 밑이 타지 않게 볶아줍니다.

2 볶은 김치는 넓게 펼쳐 식힌 뒤, 냉동 소분용기에 담아 냉동 보관합니다.

김치찌개 끓이기

1 냄비에 물 1½컵과 큐브 1개, 다진 마늘을 넣고 끓여줍니다.

2 국물이 충분히 우러나면 간을 보고, 부족한 간은 소금으로 채워서 드시면 됩니다.

　 꿀팁 | 돼지고기나 참치, 해산물, 꽁치 통조림, 두부, 채소 등 원하는 토핑을 추가하셔도 좋아요.

15 │ 청국장

청국장과 김치를 끓여 만든 밀프랩입니다. 주로 영업장에서 사용하는 방법으로 만들었죠(영업장에서는 청국장과 김치를 미리 끓여놓고 손님이 오면 한 국자 떠서 뚝배기에 담은 뒤 토핑을 올려서 나가요). 청국장을 좋아하는데 집에서 냄새날까 두려워 망설이다가도 이 맛을 못 잊어 가스레인지에 뚝배기 올리는 자신을 발견하곤 합니다.

사용하는 도구

다이소 4구
알알이쏙 냉동 소분용기

재료

큐브 8개,
큐브 1개당 1인분 양입니다.

청국장 400g
된장 2스푼
새송이버섯 2개
다진 마늘 2스푼
김치 300g
고추 2개
대파 1대
두부, 애호박 기호별
고춧가루 2스푼
참치액 4스푼
물 2½컵
소금 기호별

레시피

준비하기

◌ 김치는 총총 썰어둡니다.
　꿀팁 | 김치는 가능하면 신김치가 좋아요.

◌ 새송이버섯은 길이를 반으로 자른 뒤 손으로 찢어놓습니다.
◌ 고추, 대파는 총총 썰어놓습니다.

청국장 큐브 만들기

1 팬에 김치, 청국장, 된장, 새송이버섯, 고추, 대파, 다진 마늘, 고춧가루, 참치액, 물을 넣고 중약불로 끓입니다. 밑이 타지 않게 주걱으로 잘 저어줍니다.

2 한번 우루루 끓으면 불을 끄고 식힌 다음, 냉동 소분용기에 담아 냉동 보관하시면 됩니다.

청국장 끓이기

1 팬에 물 1½컵과 큐브 1개를 넣고 끓입니다.

2 원하는 토핑이 있다면 집에 있는 대로 추가로 넣으시고 국물이 충분히 우러날 때까지 끓여줍니다. 간을 보고 부족한 간은 소금으로 채워서 드시면 됩니다.
　꿀팁 | 고기를 넣고 싶으시면 큐브 넣을 때 같이 넣으시면 돼요.

16 감자 짜글이

간 돼지고기에 김치와 채소로 맛을 내고 감자를 듬뿍 넣어 자작하게 끓여 먹도록 고안한 밀프랩입니다. 감자를 듬뿍 떠서 밥에 올리고 슥슥 비벼 먹으면 정말 꿀맛이죠. 입맛 없을 때 먹으면 갑자기 입맛이 너무 돌아 살찔까 걱정되는 찌개입니다.

사용하는 도구

다이소 4구
알알이쏙 냉동 소분용기

재료

큐브 9개,
큐브 1개당 1인분 양입니다.

간 돼지고기 390g
김치 300g
양파 1개
고추 2개
대파 1대
다진 마늘 2스푼
감자 기호별
굴소스 1스푼
설탕 ½스푼
김칫국물 ½컵
들기름 2스푼
맛술 1스푼
물 1컵
소금, 후추 기호별

레시피

준비하기

○ 김치는 총총 썰어놓습니다.
○ 양파는 가로세로 1cm 크기로 썰어둡니다.
○ 고추와 대파는 총총 썰어줍니다.

감자짜글이 큐브 만들기

1   팬에 간 돼지고기와 들기름, 후추, 맛술을 넣고 강불에 서 고기가 익을 때까지 볶아줍니다.

2   고기가 익으면 김치, 김칫국물, 양파, 고추, 대파, 다진 마늘, 굴소스, 설탕을 넣고 섞은 뒤 끓을 때까지 볶아 줍니다.

3   재료가 끓으면 불을 끄고 넓게 펼쳐 식혀줍니다.

4   냉동 소분용기에 담아 냉동 보관합니다.

> 꿀팁 | 간 돼지고기 대신, 스팸으로 하셔도 좋아요.

감자짜글이 끓이기

1   냄비에 물 1컵과 큐브 1개, 감자를 넣고 자작하게 끓 여줍니다. 물이 부족하면 조금씩 추가해 가며 넣어주 세요.

2   국물이 충분히 우러나면 간을 보고, 부족한 간은 소금 으로 채웁니다. 마지막에는 후추를 뿌려 풍미를 살리 신 후 드시면 됩니다.

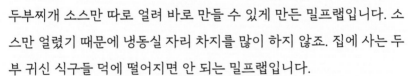

두부찌개 소스만 따로 얼려 바로 만들 수 있게 만든 밀프랩입니다. 소스만 얼렸기 때문에 냉동실 자리 차지를 많이 하지 않죠. 집에 사는 두부 귀신 식구들 덕에 떨어지면 안 되는 밀프랩입니다.

레시피

준비하기

○ 양파는 가로세로 1cm 크기로 썰어놓습니다.

○ 대파와 고추는 총총 썰어둡니다.

○ 새송이버섯은 길이를 반으로 자른 뒤, 손으로 찢어줍니다.

사용하는 도구

다이소 4구
알알이쏙 냉동 소분용기

재료

큐브 4개,
큐브 1개당 1~2인분 양입니다.

두부 280g
양파 1개
대파 1대
다진 마늘 2스푼
고추 2개
새송이버섯 1개
간장 5스푼
고춧가루 3스푼
참치액 2스푼
설탕 ½스푼
굴소스 2스푼
물 1½컵
소금, 참깨, 참기름, 후추 기호별

두부찌개 큐브 만들기

1 양파, 대파, 다진 마늘, 고추, 새송이버섯, 간장, 고춧가루, 참기름, 참깨, 후추, 참치액, 설탕, 굴소스를 넣고 잘 섞어줍니다.

2 냉동 소분용기에 만들어둔 양념을 나누어 담은 뒤, 냉동 보관하시면 됩니다.

두부찌개 끓이기

1 냄비에 물 1½컵과 큐브 1개를 넣고 큼직하게 썰어놓은 두부를 넣어 강불에서 끓여줍니다.

2 국물이 충분히 우러나와 두부에 양념이 잘 스며들면 간을 보고, 부족한 간은 소금으로 채운 후 드시면 됩니다.

> 꿀팁 | 냄비 바닥에 대파나 양파를 깔고 찌개를 끓이면 두부가 타지 않아요.

 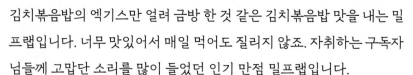

김치볶음밥의 엑기스만 얼려 금방 한 것 같은 김치볶음밥 맛을 내는 밀
프랩입니다. 너무 맛있어서 매일 먹어도 질리지 않죠. 자취하는 구독자
님들께 고맙단 소리를 많이 들었던 인기 만점 밀프랩입니다.

사용하는 도구

집에 있는 얼음틀
아무거나 가능

재료

큐브 15개,
원하는 간에 따라 큐브 개수
가감합니다.

김치 500g
식용유 1스푼
굴소스 1스푼
액상 알룰로스 1스푼
고춧가루 1스푼
고추장 2스푼
밥 130g
조미김 1봉지
계란 1개
참깨, 후추 기호별

레시피

준비하기

○ 김치는 총총 썰어둡니다.

김치볶음밥 큐브 만들기

1 팬에 식용유를 두르고, 김치, 굴소스, 액상 알룰로스, 고춧가루, 고추장을 넣고 1분 30초 정도 볶아줍니다.

2 불을 끄고 후추, 참깨를 넣은 후 섞은 다음, 넓게 펼쳐 식혀줍니다.

3 충분히 식으면 얼음틀에 담은 뒤, 냉동 보관합니다.

김치볶음밥 만들기

1 전자레인지 사용이 가능한 용기에 밥 130g을 담고 큐브 1개를 올린 후 전자레인지에 약 1분 정도 돌립니다.

2 조미김을 부셔 넣고 참깨, 참기름, 계란프라이를 얹어 드시면 됩니다.

> 꿀팁 | 큐브는 원하는 간에 따라 가감하셔도 좋습니다.

번외: 전자레인지에서 계란 수란 만들기

1 컵(혹은 밥공기)에 물 ½컵을 넣어줍니다.

2 계란 1개를 깨트려 컵에 넣습니다.

3 계란에 젓가락으로 구멍 2~3개 뚫어줍니다.

4 전자레인지에 1분 돌리면 반숙, 1분 30초 돌리면 완숙이 됩니다.

19 | 볶음밥

볶음밥 재료를 얼려 만든 밀프랩입니다. 재료 다지기가 까다로워 해 먹기 쉽지 않은 볶음밥을 원할 때마다 편하게 먹을 수 있게 고안했죠. 자취하는 조카에게 만들어줬더니 맛과 영양 다 갖췄다며 엄치 척이 나 왔습니다.

사용하는 도구

다이소 4구 알알이쏙
냉동 소분용기

재료

큐브 8개,
큐브 1개당 1인분 양입니다.

애호박 200g
당근 150g
대파 50g
양파 1개
식용유 1스푼
참치액 3스푼
간장 3스푼
굴소스 3스푼
설탕 1티스푼
밥 200g
조미김 1봉지
계란 1개
참깨, 참기름, 후추 기호별

레시피

준비하기

○ 애호박, 양파, 당근은 작은 큐브 모양으로 썰어줍니다.

○ 대파는 총총 썰어둡니다.

> 꿀팁 | 야채는 다지기를 사용하셔도 좋지만 손으로 썰면 식감이나 맛이 더 좋아요.

볶음밥 큐브 만들기

1   팬에 식용유를 두르고 대파, 양파, 참치액, 간장, 굴소스, 설탕, 당근을 넣고 50초 정도 강불에서 볶아줍니다.

2   호박을 넣고 10초 더 볶은 다음, 불을 끄고 후추를 뿌려 섞은 뒤 식혀줍니다.

3   충분히 식으면 냉동 소분용기에 담아 냉동 보관합니다.

> 꿀팁 | 모든 채소는 완전히 익히지 않고 50%만 익혀요.

> 꿀팁 | 버섯, 햄, 고기 등을 추가하셔도 좋아요.

볶음밥 만들기

1   전자레인지 사용이 가능한 용기에 밥 200g을 넣고, 큐브 1개를 올려 전자레인지에 약 3분 돌립니다.

2   밥 위에 조미김을 부셔 넣고, 계란프라이를 올린 뒤 참깨와 참기름을 넣어 드시면 됩니다.

김밥을 밀프랩으로 만들어 전자레인지에 돌려 먹을 수 있게 고안한 요리입니다. 모양은 볶음밥인데 맛은 김밥 맛이 나죠. 만사가 귀찮을 때 늦은 점심으로 자주 애용하는 밀프랩입니다.

사용하는 도구

다이소 4구 알알이쏙
냉동 소분용기

재료

큐브 8개,
큐브 1개당 1인분 양입니다.

당근 ½개
맛살 5줄
김밥햄 10줄
다진 마늘 1스푼
대파 1대
계란 1개
밥 130g
조미김 1봉지
굴소스 1스푼
설탕 1티스푼
식용유 1스푼
참깨, 참기름 기호별

레시피

준비하기

○ 당근, 맛살, 김밥햄은 다져놓습니다.

○ 대파는 총총 썰어놓습니다.

↘ 꿀팁 | 다지기를 사용하셔도 좋아요.

김밥 큐브 만들기

1   팬에 식용유를 두르고 당근, 굴소스, 설탕, 마늘을 넣고
10초 정도 볶아줍니다.

2   1번에 맛살, 김밥햄을 넣고 30초 정도 볶아준 뒤, 불을
끕니다. 대파를 넣고 섞은 다음, 넓게 펼쳐 식혀줍니다.

3   냉동 소분용기에 담아 냉동 보관합니다.

김밥 만들기

1   전자레인지 사용이 가능한 용기에 큐브 1개를 넣은 다
음, 전자레인지에 2분 돌려줍니다.

2   큐브가 어느 정도 녹으면 계란 1개를 깨트려 큐브 속
야채와 섞은 다음, 1분 30초 더 돌려줍니다.

3   2번에 밥 130g, 참깨, 참기름, 조미김을 넣어 비벼 드
시면 됩니다. 김에 싸서 김밥으로 말아 드셔도 좋아요.

↘ 꿀팁 | 주먹밥, 김밥 등 다양한 방법으로 활용해 보세요.

집밥이 풍성해지는 초절약·초간편 김밥 만들기!

10분 후딱
김밥 레시피 100

1판 1쇄 발행 2025년 4월 10일
1판 2쇄 발행 2025년 6월 4일

지은이 후딱 레시피
펴낸이 고병욱

펴낸곳 청림출판(주)
등록 제2023-000081호

본사 04799 서울시 성동구 아차산로17길 49 1010호 청림출판(주)
제2사옥 10881 경기도 파주시 회동길 173 청림아트스페이스
전화 02-546-4341 **팩스** 02-546-8053

홈페이지 www.chungrim.com **이메일** life@chungrim.com
인스타그램 @ch_daily_mom **블로그** blog.naver.com/chungrimlife
페이스북 www.facebook.com/chungrimlife

ⓒ 후딱 레시피, 2025

ISBN 979-11-93842-32-4 13590